# 心理自助小分队，出发！

## 建立自信心

从此不再
胆怯！

[法] 热拉尔丁·宾迪 著　[瑞士] 阿德利亚娜·巴尔曼 绘　张　涛 译

南京大学出版社

非常感谢阿德利亚娜的热情参与，感谢卡斯特曼（Casterman）出版社团队对这个项目的信任，以及各位分享的生活经验（特别感谢玛丽娜和卡洛琳娜的配合！）。同时还要感谢所有我阅读过的书，助我从中汲取智慧，滋养了这本漫画。

—— 热拉尔丁·宾迪

LA BD QUI T'AIDE À AVOIR CONFIANCE EN TOI
Text by Géraldine Bindi and illustrations by Adrienne Barman
Original French edition and artwork © Editions Casterman, 2019
Simplified Chinese translation copyright © 2024 by Beijing Everafter Culture
Development Co., Ltd.
This copy in Simplified Chinese can only be distributed and sold in P.R. China,
no rights in Taiwan, Hong Kong and Macau.
All rights reserved.

江苏省版权局著作权合同登记 图字：10-2023-402

**图书在版编目（CIP）数据**

建立自信心 / (法) 热拉尔丁·宾迪著；(瑞士) 阿德利亚娜·巴尔曼绘；张涛译. -- 南京：南京大学出版社, 2024.11. -- (心理自助小分队，出发！).
ISBN 978-7-305-28296-6

Ⅰ. B848.4-49
中国国家版本馆CIP数据核字第2024DE3754号

出版发行　南京大学出版社
社　　址　南京市汉口路22号　邮　编　210093
项 目 人　石　磊
策　　划　刘红颖
特约策划　奇想国童书

XINLI ZIZHU XIAO FENDUI, CHUFA! JIANLI ZIXINXIN
书　　名　心理自助小分队，出发！建立自信心
著　　者　[法] 热拉尔丁·宾迪
绘　　者　[瑞士] 阿德利亚娜·巴尔曼
译　　者　张　涛
责任编辑　张　珂
项目统筹　李　辉 孟　蕊
装帧设计　李燕萍

印　　刷　河北鹏润印刷有限公司
开　　本　787mm×1092mm　1/16开　印　张　9　字　数　100千
版　　次　2024年11月第1版　　印　次　2024年11月第1次印刷
印　　数　1—5000
ISBN 978-7-305-28296-6
定　　价　98.00元（全2册）

网　　址　http://www.njupco.com
官方微博　http://weibo.com/njupco
官方微信号　njupress
销售咨询热线：（025）83594756

心理自助小分队，出发！

建立自信心

# 目录

如何变得更加自信呢？

答案马上揭晓……

教给你建立自信心的诀窍！

接下来就由你发挥了……我们呢，负责鼓励你到底！

是不是应该有一个章节，专门写老鼠？

我们是谁？

**汤姆**
坐不住。
着迷于滑板和玩游戏。
最滑稽的一个。

**吉吉**
求知欲很强，
喜欢表达。小组中的带头人。
最热情的一个。

**萨拉**
一天到晚都戴着帽子。
喜欢说唱，很酷。
最有创造力的一个。

**利兹**
爱时髦。
经常阅读，喜欢幻想。
最害羞的一个。

**奥斯卡**
吉吉的猫。总有话要说。
一门心思抓老鼠。最疯的一个！

**查理**
摄影迷。
脾气不大好。思维缜密。
观察力最强的一个。

"最疯"啥意思？
我明明是"最独特的
一个"……

这话听的次数太多了，搞得我都不知道它是啥意思了。

但是有一点是明确的：自信是个非常重要的品质！

不容错过！

拥有它你就是大 boss！

值得拥有！

能让生活变得更酷！

没错！

还能帮你抓老鼠！

但我们还是不知道它具体是怎样的……

也不知道该怎么做……

对呀……

嗯……

管用就行……

那么，朋友们，我们来做个调查吧。

打扰一下，我们想做个调查。

您是如何做到如此自信的？

到了您这个年纪，您应该很有自信吧？您是怎么做到的呢？

我们可不想等老了才有自信……

喂！您得帮年轻人一把吧！

自信会不会像老鼠一样，留下痕迹？

不容易啊。我们终于挖出了……

真相！我们成功寻到了宝藏。我们现在总算明白了，自信意味着什么！

自信意味着……一个人对自己怀有积极的感受！大概就是觉得自己非常了不起就对啦！

就是敢于做自己！

就是相信自己能实现那些对自己来说很重要的事情！

就是知道自己可以依靠自己……

就是成为自己最好的伙伴！

真不错。

没错！一般来说，我们最信任谁呢？

嗯……

最信任猫！

一般来说，我们最信任的往往是我们最好的伙伴（有时是兄弟姐妹，有时可能是我们养的小狗）。

嗯……

为什么呢？

好问题！

我们信任我们最好的伙伴，是因为他（一般来说）总是对我们很好。

他会听我们倾诉，理解我们，帮助我们，相信我们以及我们的梦想。总之，他很爱我们。

那么，我们也应当做自己最好的伙伴！

对呀！

你愿意做我最好的伙伴吗？

少来，你最好的伙伴是你自己！……你是从哪儿来的？

如果你能成为自己的好伙伴，那就成功了第一步：你将会很有自信。

那么，要怎样才能做到呢？

别担心，他们看起来有点儿疯疯癫癫的，不过人不坏。

请看……

## 帮你建立自信的诀窍

我们发现，有些诀窍特别值得了解……和付诸实践！

别担心，自信不是与生俱来的，是可以后天学会的！我们会慢慢教给你。

它会逐渐成为一种习惯，一种（几乎）不用思考就会的东西。

没错。

我还没有完全弄明白。他们并没有聊老鼠啊……但是我要坚持下去。我也想让自己感觉良好！

等一下我，你们要去哪儿？

太好啦，一定很好玩儿。

不，这可是正经事。

有道理。

不管怎么说，还是会很好玩儿的，对吧？

当然了。

必须的！

诀窍 1

# 学会（真正地）了解自己！

你最擅长什么？

你的缺点（事实并非如此）！

你的数不清的优点！

你最好的伙伴，应该是最了解你的人。

包括你的各种本领！

学习！

懂得取舍……

观察！

你的独特之处！

虚心请教！

自我转变！

咚！咚！咚！

---

嗨，哥们儿。

嗨！

怎么样？

挺好。

---

哦……

我们能进来吗？

---

欢迎参观……

真是古怪，我们明明和自己相处的时间最长，却并不了解自己。不是吗？

---

大部分时间里，我们了解自己的伙伴甚于了解自己，因此我们往往会信任他们，但不信任自己，这是很正常的。

我特别想了解老鼠。

如何成为最佳捕鼠手

# 首先……
## 了解自己的优点
## （也就是自己的优良品质）！

你最好的伙伴一定知道你这个人优点多多，要不然你也不会是他最好的伙伴！

首先，我们需要了解自己的性格优点，就是我们好在哪里、做什么最靠谱！

我数学应该还可以。

我画画还行。

我嘛……

喂，不要光说与学校课程相关的成绩，说说生活里的！我们不光是学生！说说你们的性格优点吧。

举个例子，我嘛……我……很有耐心，充满活力。

的确。

啧。

我擅长的是摄影。

说性格优点！让我说，我觉得是……勇敢、有创造力、有恒心、和气、乐于助人、灵巧、优雅、冷静……

哇，臻于完美。

我呢，敏捷、可爱、开朗、宽厚、真诚……

我嘛，嗯……

我嘛……

太简单了。

不要怕夸张，这对你有好处！

**我可没有夸张。**

没有……因为我刚才就想说……"漂亮"或"迷人"之类的。

可以的。千万不要因为觉得自己很棒而难为情！

因为我们就是很棒啊！我们都是最特别的、最好的、最厉害的、最了不起的！

是不是？

好吧，如果你在自己身上实在找不出 10 个以上的优点……

那说明——你的优点太多啦！数都数不过来！

问问你的朋友、父母，问问你们信任的和熟悉的人。

我们自己的确不是很容易了解自己。

是呀，我们还不习惯赞美自己。

哈，会习惯的。

但是，目的并不是自己赞美自己。

我知道，只是话这么说而已。

他们怎么老是出尔反尔？

真正的目的是发现自己身上的优点。

优点？嗯……有啊，当然有。唔……你很调皮。

我喜欢你的幽默感。你很搞笑！

你满脑子都是天才的想法。你是姐姐里最疯的那一个！

你从来不生气，这一点我太佩服了。

查理的爸爸

萨拉的妹妹

利兹的朋友

你身上的优点，其他人往往比你自己看得更清楚……请他们帮忙找到你的优点吧！

那我呢？

# 勇敢者的实践——正向定义自己

## 优点树

如果你会画画，可以以画一棵树。在每根树枝上写上自己的一个优点，然后把画贴到墙上。感觉是不是很棒？

认真

温柔

酷

真诚

有趣……

## 优点罐

还可以用空罐子做个优点罐。当你想获取自信时，随机拿出一张纸，写下一个优点，放进罐里。

聪明

## 优点手册

我会给自己做一本优点手册！就像这样，每次当我发现自己拥有一个新优势（也就是一个优点）的时候，我就把它记到手册上，以免忘记……

建议定期阅读这本手册。你会发现，这将为你插上展翅高飞的翅膀。

但有时你仍会感到情绪低落，这时候可以求助于他人，请他们给一个认可你的信号（他人喜欢你的某个地方）。这样你一下子就会感觉好多了！

真的！

奥斯卡，要说疯还得是你。

嘿，这是在夸你呢！

手册

手册

**了解自己的缺点，
并把它们转变成优点！**

意识到自己的优点，
不代表就没有缺点，
因为……你也是人。

咻——

你最好的伙伴
不会在乎你的缺点。

是人就有"缺点"。

我没有，嘻嘻嘻，
这就是我们猫的优势。

重要的是……了解你的缺点后，
要去接纳它，而不是愤怒地去对抗它。
不要让缺点成为个人发展道路上的
阻碍。

比如说，查理，你是个慢性子……
不过，那又怎样呢？除了这个，
你还有好多好多优点……再说了，
你未来也可能就不是个慢性子了。

唔……

啧，没睡醒的老鼠
都比他有精神。

你给我站住！

喵喵喵

就现在来说，
慢条斯理是他的
性格。

对。

如果他突然变得
心急火燎了，
就不是查理了。

喵呜！

10

第二重要的是，要找出你的缺点里相对积极的一面。其实，大家认为的缺点也不一定都是缺点。

这不妙吗？

所有对你的指责，其实指出的都是你的独特之处。

在某种程度上，也可以理解为是你的长处！

哇……

告你虐猫！

汤姆，别人总是说你做事的方式跟其他人不太一样。真的假的？

是的。

其实这也是一种长处。这意味着你是独特的、有创造力的、与众不同的！

太好了。

哇……

查理，你的确是个慢性子。但正因为这个，你做事专心，能拍出漂亮的照片来！

也是。我嘛，大家都说我整天睡觉……其实，这正说明我不是一只烦躁不安的猫。我是一只"禅猫"。

我们像不像疯狂的科学家！通过转换思维方式，我们就能把缺点转化成优势和长处！厉害吧？

哟！

# 勇敢者的实践——变"负"为"正"

## 面对别人时

当面对他人的负面评价时，可以把这些评价转化成有趣的话。看似滑稽，但是可行的。

吧啦吧啦吧啦吧啦……

汤姆，你的话太多了。停一会儿吧，我们满耳朵都是你的话！

"你的话太多了"……

那是因为我有很多有趣的事情要分享！

## 面对自己时

可以把别人的负面评价列一个清单（写下来可能会花些时间，但是可以帮助你更好地看懂和明白一些事情）。

首先，这肯定会让人不太舒服……

其次，你要根据每一条负面评价，找到令人惊喜的闪光点。

哎呀！这下好多了……

# 应避免的误区

同他人攀比

如果你把时间都用在同他人的比较上，那你一定会发现别人比你强……

或不如你。这指的是在某个特定的方面，比如外貌。

哇！看他多有气场！

他可能没你长得帅，但吉他肯定弹得比你好！

我不会弹吉他。

你看是吧？

啧。

和他人比较毫无意义。不仅如此，我们还经常和那些比我们强的人比较，这就更没有意义了。完全没有帮助。

其实，每个人都是不一样的……但是都具有相同的价值。

当你不再和别人比较时，这就意味着你已经意识到，自己既不比别人强，也不比别人差……也就意味着，你有自信了。

好的，我不在乎。

嗯……你好！再见！

**了解自己的能力
（也就是你的才能）！**

你最好的伙伴
最了解你的能力……
（而且他可不会忘记！）

萨拉，
我想请你……

你能帮我
画幅画吗？
比如画一个
小丑？

这是明天
要交的练习吧。

是呀。

五分钟的事情，
你就不能
帮我一把吗？
我不会画画啊。

如果我帮你画了，
你就永远学不会了。

可是
现在我要学也
来不及了呀。

好吧，
就这一次。

谢啦！

你们在
干什么？

嗯，萨拉在
教我画画。

了解你的才能会带给你自信。
这表明，你会干很多事情！

才能可以是各种各样的，这里
边当然包括各种学习能力……

写作

解剖青蛙

抓老鼠

绘画

证书

计算

还有人际交往能力
（＝和他人沟通的能力）……

善于倾听

哎哟我的天，然后我就……

给别人出主意

逗别人开心

安慰他人

抓老鼠

以及生活中的其他才能！

倒立

观察

抓老鼠

热爱大自然

准备餐食

那些你不会的才能，如果又正好用得着，那就去学习它！

或者也可以请别人帮助你，
这正好也是认识新朋友的好机会。

爸爸，
你能教我"钓"
老鼠吗？

你不想学画画太可惜了，
因为据我所知……
贾梅尔要在街区的艺术工坊授课。

真的？

嗯，是的，说起来，
从小我的梦想就是会画画……

不要忘记，
别人（连同他会做的事情）
也是你的一种资源……
正如你对他来说也是资源！

# 勇敢者的实践——认识自己的才能

## 自我总结

在优点手册上
（拿一页纸也行，或其他地方），
列出三列：

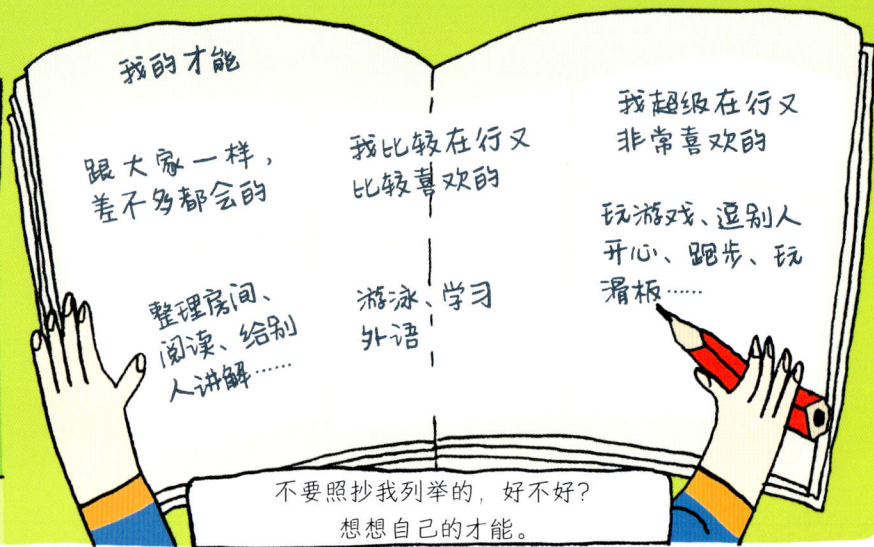

我的才能

跟大家一样，
差不多都会的

整理房间、
阅读、给别
人讲解……

我比较在行又
比较喜欢的

游泳、学习
外语

我超级在行又
非常喜欢的

玩游戏、逗别人
开心、跑步、玩
滑板……

不要照抄我列举的，好不好？
想想自己的才能。

## 借助他人的帮助

如果你的才能不足以填满上面几列，
那么可以请熟悉或信任的人来帮你想，
就跟之前帮忙找优点一样。

嗯……抓老鼠。

奥斯卡
手册

奥斯卡
手册

## 再次自我总结

一定不要忘了那些
自己还不是很擅长的事情。

不重要

对于自己不太擅长的那些事情，
问问自己，
有必要去花费力气学习吗？

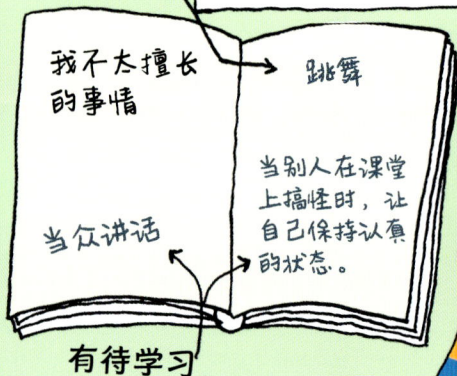

我不太擅长
的事情

跳舞

当别人在课堂
上搞怪时，让
自己保持认真
的状态。

当众讲话

有待学习

这样一来，
不重要的就没必要学。
如果是重要的事，
则发起学习挑战！

# 本章小结

学习（真正地）了解自己时，
你会意识到自己是有价值的，是很出色的。
这样非常有助于建立自信！
因此，要充分了解自己的优点、缺点，
以及才能。

自信满满！

所谓优点，就是那些让你成为独立个体，成为你自己的特质。
充分认识自己的优点，有助于帮你建立自信（不需要再额外做什么）。

一旦充分了解
自己的长处，
你就能接受自己的
"缺点"。

不用再听别人对你
说三道四。

举个例子：比如说你认识到
自己是个聪颖的人，那么
即便哪天有人说你一无是处，
你也不会信的！

所谓才能，就是你做某事（而且能做得很好）的能力。
了解自己的才能，会赋予你信心，让你充满自信地去做事。

若是你想拥有某种才能，
却又不具备，
那就尽可能地努力学习！
你一定能做到的！

哇！

就像这样。

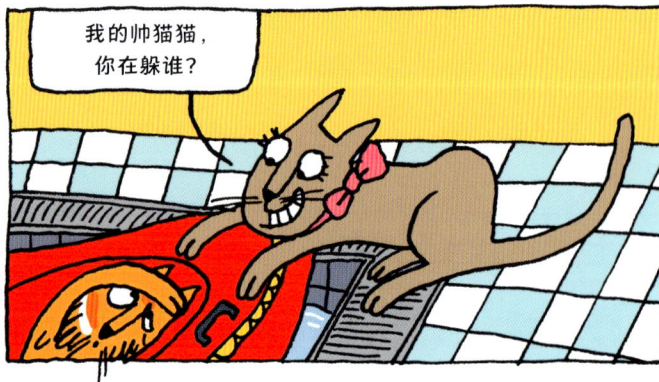

# 你本来就很棒！

成为自己的头号粉丝！
而不是整天自己跟自己过不去。

我有黑眼圈了。

没人在乎你有没有黑眼圈。

对呀。

嗯，那我可要谢谢你了。

不是啊，对我们来说，你有没有黑眼圈都不会改变什么，没有人会因为这个就觉得你这个人不好玩儿。懂了吧？

唔……

如果我们在特别累、不梳洗、状态不好的情况下也能喜欢自己，那么我们的自信程度就很高了……

而且会超有安全感，因为我们知道，一丁点的小毛病否定不了我们的重要性。

即便哪一天鼻子上长了个大水泡，也不会没人爱，你会有这种自信。

这倒不至于。

学会欣赏自己！
这非常重要。

奥斯卡！

嗯？知道了，我最棒！

19

哈哈，哈哈，哈哈！

哈哈，哈哈，哈哈！

你这是干什么？

哎呀，我差点忘了说：

不要试图成为别人。

这一点都不好笑。

汤姆，你可以尽情享受扮演的乐趣。

如果是游戏性质的话，没有问题，很好玩儿的。

嗯……

但如果你想要活成别人的样子，那就有问题了。永远不要忘记：你就是你！

这些人在干什么呢？

学会欣赏自己，你就会发现做自己有多棒！

哈——！

出口

## 每时每刻都要尽力而为

但是，大家……也不是做任何事都会竭尽全力的。

你最好的伙伴不会要求你做任何事都必须成功。她知道你已经尽力了（一般来说）。

看！像他那样随便做做，然后说一句"啊，对不起，我尽力了"，也太容易了。

汤姆自己很清楚他并没有尽全力，要不然大家也不会抱怨了。

唉！

你不能说你尽力了。

为什么得一直尽全力啊？

没人强迫你。但是如果我们想拥有自信，那做任何事就不能随随便便，否则是实现不了的。

是的。

如果每次你都能做到尽力而为，即便结果不好，你对自己也是满意的。

别这样。

如果有人说："滑得不怎么样啊，又摔倒了。"那么，你就可以真诚地跟他说："也许吧，但是我尽力了。"

其实别人的指责，往往是由于他们看到你没有用心做事和不够努力。

妈妈，我可以摸摸绵羊吗？

问问人家是不是允许。

你想干什么，小姑娘？

我能摸摸它吗？

请问。

要说"请问"。

嗯，当然可以。

*请勿模仿本页中的危险动作。

# 勇敢者的实践——回顾你取得的成就

**列一个成就清单**

为了能够回想起生活中取得的成就，我会把它们都记下来。

这样我就能看到，自己是如何不断尽力做事的（而且比我想象的做得多）。

试一试！把你取得的成就和引以为豪的事列个清单出来。

不必非得是疯狂的事，知道吗？

举个例子吧，这里我写的是：
· 昨天我独立完成了几何作业；
· 我主动在课堂上询问是否可以开窗……

通常就算教室里热得要命，我也会等其他人提出请求。

然后，定期回想这些成就……

**当你对自己不满意时**

我有个窍门，可以让你不再对自己不满意。

每次你对自己感到不满意时，可以问问自己，在做这件事时是否尽力而为。

如果答案是肯定的，那你马上就会感觉好多了！

如果答案是否定的，也很好，因为你现在终于明白自己为什么对自己不满意了。

比如我，以前老想着要赶快完成任务。那么以后，我就会想"我要更专心一点"。

## 应避免的误区

**负罪感**

＝认为是自己的错，认为这是不对的，自己应该受到惩罚。

不知道你是怎样的，我总爱对自己说："我不应该这样做，我要是那样做可能更好，我本可以做得更好……这样！那样！"

这种想法让人烦恼。而且为了一点小事一直怪自己也没用，根本不能帮自己建立自信！

你什么时候开始钓鱼了？

你压力很大吗？

这能帮我放松。

是啊。

其实，唯一能够让我们产生负罪感的，是我们曾经有过伤害别人的念头。

啊？

如果不是这种情况，那你为什么会有负罪感？没有任何道理。

有道理。

你们什么时候开始钓鱼了？

你们呢？

我有时候也会有负罪感，尤其是当我没有成为父母希望的那样：安静、温柔……

你很温柔。

但是对他们来说不够。

我们没办法总是活成别人希望的模样。我们就是我们，这个样子最好。

尽力而为就好……

他们在干什么？有什么稀奇的事？

当你不再去想自己有什么过错（这样毫无意义），你会感觉更自信。哇，钓到了！

## 对自己有耐心！

你最好的伙伴，他会（在大多数情况下）对你超级有耐心。因为他明白有时你需要时间，他不会让你速战速决……

"速战速决"是指迅速地完成任务。

请排队等候。

这很正常，因为完成任何一件事都需要时间。这就是为什么大家要学会不气馁，要坚持不懈地去努力、去学习等待……因为终有一天，我们会得到回报！这就是耐心。

举个例子，如果有一天你开始学画画……

你肯定不可能一下子就成为画画能手的。

即便有天赋也很难。

对于第一幅作品来说，很不错了。

但无论如何我都要把它留着，这样就能看到以后的进步！

那是肯定的。哈哈哈！

嘘……

我们不只需要耐心，有时还需要时间去接受已经发生的事情，比如说你和别人起了争执，之后可能需要一些时间才能忘记，不再怨恨他。

喂，这不行啊！

这些羊在这里干什么？

你想不起来了？这些羊是烘托气氛的啊。

萨拉！

你的愤怒很快会过去的！这只是个时间问题！

考试失利也是这样，需要时间。

为什么要跟我说这个？我又没有不及格。

我知道，只是打个比方。

当你感到悲伤或状态不好时，告诉自己，这种状态不会持续很久，只需要耐心等待，过一段时间它就会过去的。

不要忘记，要对自己有耐心！

这群羊真是无处不在……

# 勇敢者的实践——学会有耐心

## 魔力咒语

刚开始学摄影时，说实话我拍得真不怎么样……

每次，当我对自己不满意或想放弃时，我就会想起当年爷爷跟我说过的那句神奇的咒语！

孩子，只要有时间，没有什么是不可能的。永远不要忘记这一点。你想不想把这事做成？

想！

那么，就要有耐心，慢慢地你就学会了。

你也是，不要忘记：有些事情目前办不到，但是慢慢地，你就可以办到！

## 回想，回想

回想一下，自己在哪些领域没有天赋，但最终靠自己想办法并努力做到了，甚至成了这个领域的专家。

举个例子，以前我没有什么想象力，当我看着这些云彩时，我看不出什么门道来（也就是云罢了）。

但是，现在我看到了一些不可思议的东西！

现在，你有了一些实现进步的真实案例。这样一来，你也就知道，花少量（有时是大量）的时间，再加上有耐心，进步完全是可以实现的。

# 本章小结

**带着欣赏的眼光看自己，意味着欣赏自己本来的样子，并且认识到自己大部分时间都是一个在尽力做事的人，也意味着对自己有耐心，就像对待一个自己特别珍惜的人一样。**

永远都不要觉得自己"不够"这样或那样……你本来就很完美啦！但这并不意味着你在某些方面就不需要改变和进步。在某些方面（比如不再那么害羞），希望自己有改善是很正常的，这表明你想成长。如果你本来就已经很喜欢自己了，那么，变成自己想成为的那个人（比如说，一个敢在公众场合讲话的人），就更容易啦。

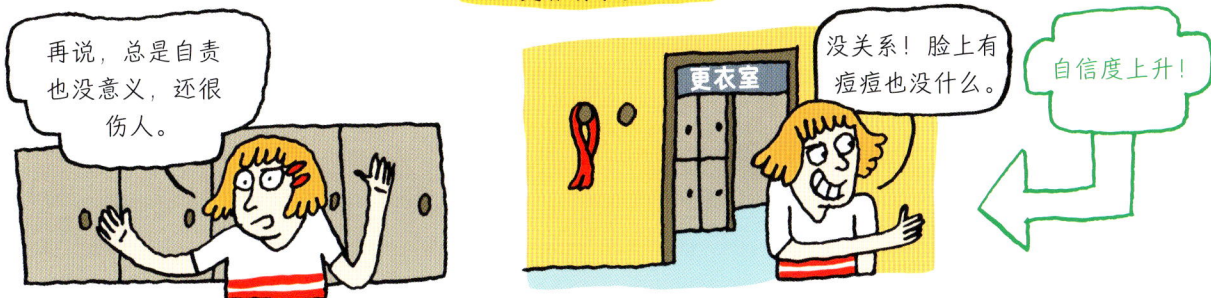

再说，总是自责也没意义，还很伤人。

更衣室

没关系！脸上有痘痘也没什么。

自信度上升！

每时每刻尽力而为（要意识到这一点！）是一种建立自信的好方式。这样，在受挫或事情不太顺利的日子里，你就不会自怨自艾，且能保持自信了！

是吧，幸运的是，我知道自己会抓老鼠……

我抓到了很多老鼠。成千上万只！

不然的话，到冬天我肯定会没自信的。我可能就会认为自己是一只不会抓老鼠的猫。其实不是啦。

要有耐心，你需要时间才能有所成就，这很正常！时间永远是你的盟友：它会帮助你进步，让你用不一样的眼光去看事物……也会渐渐让你不那么腼腆！不要对自己过分苛刻，随着时间的流逝，你会对自己满意的。所以，遇事不用烦躁不安，请告诉自己，这只是时间问题。这样的话，你就会保持自信！

看吧，并不难。付出一点耐心是值得的。

是的。

耐心是有回报的。

他的老鼠骨头房子搭完了，现在总该对我感兴趣了吧？但愿我的耐心是有回报的……

你愿意嫁给我吗？

好啊！

# 倾听自己

需求

情绪　梦想　自主

昂首挺胸！

倾听自己！

你很珍贵！

你的身体会说话！

你最好的伙伴会注意倾听你说话。你的感受和梦想，以及任何你想说的，他都会表示感兴趣！

说出来你可能不信，但你真的特别珍贵。你是上天赐予的礼物！

我同意。

即使爸爸妈妈会说……

"有时他也不乖……"

他们说错啦。

为了找到你的珍贵价值，你必须去探寻它。

往往像这样珍贵的东西不是一眼就能看见的。

那么……这里面是什么呢？听！

梦想　问题　情绪　欲望　需求　使命

不过话说回来，我更想要个能吃的宝贝，比如老鼠之类的。

我什么都听不见。

我听到一堆噪声，但不明白是什么意思。

要听什么来着？

静下心来仔细听，你会听到有许多细小的声音，说的都同你有关。它们谈论的是一些珍贵的信息，能赋予你自信。

嗯……为什么场景换成了岛上？

这里安静，能听得更清楚。

30

*请勿模仿本页中的危险动作。

## 倾听你的情绪

人是一种不可思议的生物，能随时随地感受到各种情绪！

高兴

伤心

愤怒

厌恶

害怕

当我们还是小婴儿时，情绪不是什么问题，我们可以表达出来。

喵嗷嗷嗷！

但是等我们长大了，就会觉得哭泣是羞耻的，会认为生气是不好的，还会不敢说自己害怕……真是太遗憾了。

为什么？

这是因为我们的情绪会反映出大量同我们自己有关的信息，它就像一枚指南针，会为我们指出，这样是好的……

……那样是不好的。

有时这会让我们恼火。我们要敢于对此说"不"……如果人没有情绪，就不再是一个人了，而是一台机器。

当你感受到一种情绪，它绝不是偶然发生的，也不是没有用的。它会告诉你，你的某种需求得到了满足（这往往发生在当你感受到某种愉悦的情绪时，例如高兴、舒畅、幸福，等等）……

或者你的情绪告诉你的是，你的某种需求没有得到满足（这时你感受到的往往是某种不愉快的情绪，例如害怕、失望、伤心、烦恼……）。

因此，情绪有助于我们理解什么是好的，什么是不好的，什么是我们所需要的！这难道不神奇吗？

举个例子呢？

比如说吧，查理，你经常生气。

我没有。

有！

那么，当你生气时，都感受到了什么呢？

就是生气啊。

说吧，说出来，上一次你是为了什么而生气？

从我屋子里出去！

查理！

幸好你没有 10 个兄弟姐妹。

这是我的老鼠！

你为什么会感到生气？

因为弟弟总是来打扰我。那是我的房间，我有权一个人安安静静地待着！

所以你感觉到被打扰，被侵犯……

是的呀！

你跟你妈妈也是这么说的吗？

没有这么说啦。

那你怎么说的？

没什么特别的。我冲她嚷了……

其实，你希望你妈妈能了解你生气的原因，是因为你弟弟来打扰你。

没错！

那你当时就应当倾听你的情绪，这样你才能更好地跟别人解释，他们才能理解你，你的感受也会好很多。

爸，我想和你说……五年前，兄弟们抢我的老鼠，这让我很生气，我很恼火，知道吗？就是这样。

# 勇敢者的实践——识别你的情绪

## 你的感受如何？

当你感受到某种不愉快的情绪时，可以暂时停下来，深呼吸三次，然后试着回想刚才发生的事情。问问自己：我的感受如何？

> 汤姆，你太冒失了！

> 我的感受？我感到很伤心……

> 一旦找到能够表达你的感受的词，请（如果可能的话）对引发你这种情绪的人说出你的感受。

> 嗯……妈妈，我很伤心，因为实际上我是想让你高兴，但你反而埋怨我。

你会发现奇迹的发生，只需倾听自己的感受，不愉快的情绪就会减弱。如果你把它充分表达出来，这种不愉快的情绪很快就会过去。

> 你全身都是水！

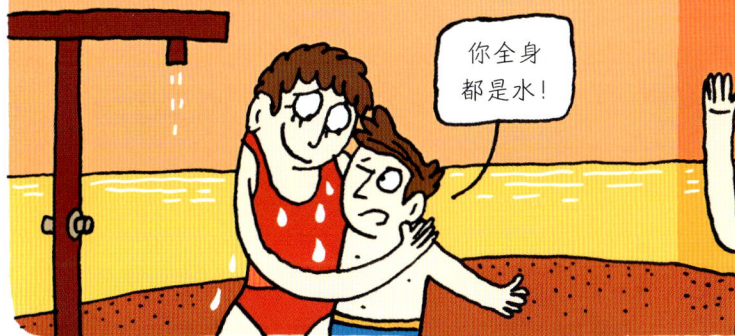

> 我爱你。

> 我也爱你。

同理，当你表达出愉快的情绪，也能让你更好地感受它并从中受益。

## 情绪清单

为了帮助你识别各种情绪，你可以列一个清单，每当有一种新的情绪出现，就把它写进去。

高兴
担心　生气
厌恶　冷静
羞耻　吃惊　失望
伤心　宽慰

当你感受到愉快的情绪时，那就尽情地聆听和表达快乐吧。这通常很容易，好好享受吧！不要因为幸福而感到难为情！

> 我真开心！我好走运！我是最幸运的猫猫了！

> 能不能声音小点？我有点难为情……

# 倾听你的身体

真的!

是吗?

说出来可能有点奇怪,其实我们的身体会经常设法告诉我们一些事情。

咕噜咕噜!

我的肚子饿了,它说想要吃老鼠了。

我们的身体大部分时间应当都是健康的。但如果我们出现肚子疼、嗓子疼、疲劳、咳嗽等状况,那么就有可能是我们的身体想告诉我们一些事情。

有可能是因为我们着凉了、跌倒了或被病毒感染了……

是的,也可能有其他的原因。但是不要忘记,这些信号是你的身体在设法告诉你一些事情。

嗯,我从刚才就一直头疼。

倾听一下你的头疼,看看它是不是有一则信息要传递给你。

那它说什么?

我不知道。我听到了一些东西,但这说不定是我臆想的。

相信自己!

什么?

唔……它说它很烦,它想回家。

真的吗?你想回家?

是的,我觉得我可能是累了。

好样儿的!(这次)你的头疼是在告诉你,也许你不想再和我们待下去。你可能需要安静!

那就对自己宽容点,回家吧!

好的。

其他人,还有谁哪儿疼吗?

嗯……没有。

我有。我头疼。我想去抓老鼠。

34

# 勇敢者的实践——理解自己的身体

## 认真对待

要听懂身体想对你说的话，并没有那么容易。有时你会不理解，但也没关系。

嗯？

咕噜噜

重要的是，要花时间去倾听自己的身体。只有这样，才有可能让疼痛或不舒服的感觉得到缓解……

哦，我明白了……

事实上，你的疼痛只是想让你关心它，认真对待它，让你停下来平和地倾听它……当你有话想对别人说的时候，也会想让对方认真倾听，对吧？

把注意力投射到身体不舒服的地方，就好比你变成了身体这个部分的好伙伴……它一定会好起来的。

我还是没全懂，算了。

对自己很满意。自信度上升！

嗯，现在好多了。

如果还是一直疼，那么就要告诉爸爸妈妈了。

## 小调查

首先，冷静下来。然后进行深呼吸，尝试让呼吸延伸到疼痛或者感觉不舒服的地方。

要深呼吸五到六次哟。

然后，努力去破译身体试图传达给你的消息，像个侦探一样！

我感觉胃里像塞了块大石头，心跳非常快……

是针扎式的疼痛，还是感觉发紧？浑身痒，还是烧灼？哪个地方不舒服？脑袋、肚子，还是心脏？

问问自己是为什么，学会倾听身体发出的每一个信号。尽管这一切乍一听可能有些荒诞！

啊？谁说让我少吃点老鼠的？

这是因为我怕水。我会游泳，但游得不太好……

其实，正如情绪一样，身体发出的信号通常也是为了向你传达某种需求，而你往往没有意识到你的这种需求。

汤姆的需求，就是提高他的游泳技能！

**应避免的误区**

走路低头，弯腰驼背，没精打采

当你的身体表现出缺乏信心的模样，那你的内心同样很难感受到自信。

自信度过低

学会好好掌控体态，采取一种"成功者"的态度！

比如说，小时候，你没少被念叨"坐直了"……

坐直了！

坐直了！

啊啊啊啊！

于是，你就（报复性地）故意弯腰驼背、垂头丧气……这样会令你看起来像个老年人。

你看，有哪个明星会像这样呢？

当你挺胸收腹，抬头微笑，就会吸引其他人，让他们更加愿意靠近你。

而且据说（科学研究这么说的哟），当你弯腰驼背的时候，你的身体也会失去能量。

哎呀，的确。

你会感到疲劳，没有干劲。

然而当你挺直腰杆的时候，会感觉到能量在体内循环得更流畅，这样你就会感觉更有自信！

所以说……

要好好注意体态！

身体是助你保持自信的超级盟友！它越健康，就越光彩夺目，你就越喜欢它……从而也越能感到自信！

# 倾听你的需求

尽量（经常地）关心自己的需求。

一个人有各种各样的需求：吃、喝、休息、表达、拒绝、理解、被爱、被倾听……

**不想关心这些羊的需求……**

感到安心、想独处、想走动……有很多很多种需求。

因此，第一步是问自己：你的需求究竟是什么？

嗯？

答案也许是"没有"，也许仅仅是维持现状，但是能向自己提出这个问题，已经是把自己当成自己的好伙伴了。

第二步，找到词语来明确描述自己的需求。

我需要赶紧去睡觉，不过，我还是想先打完这一局。

第三步，满足需求！

汤姆！如果不倾听自己的需求，那就如同背叛自己！你这是自己同自己为敌。

可是我想玩嘛。

想玩没错，但是"需求"的优先级应当比"欲望"高，因为"需求"更重要。总之，"需求"应当被认真对待。如果你不睡觉的话，就很容易病倒或……

行了，我明白了！

满足自己的"需求"也不错嘛。呼呼……

37

# 勇敢者的实践——照顾自己的需求

## 一个不能忘记的问题

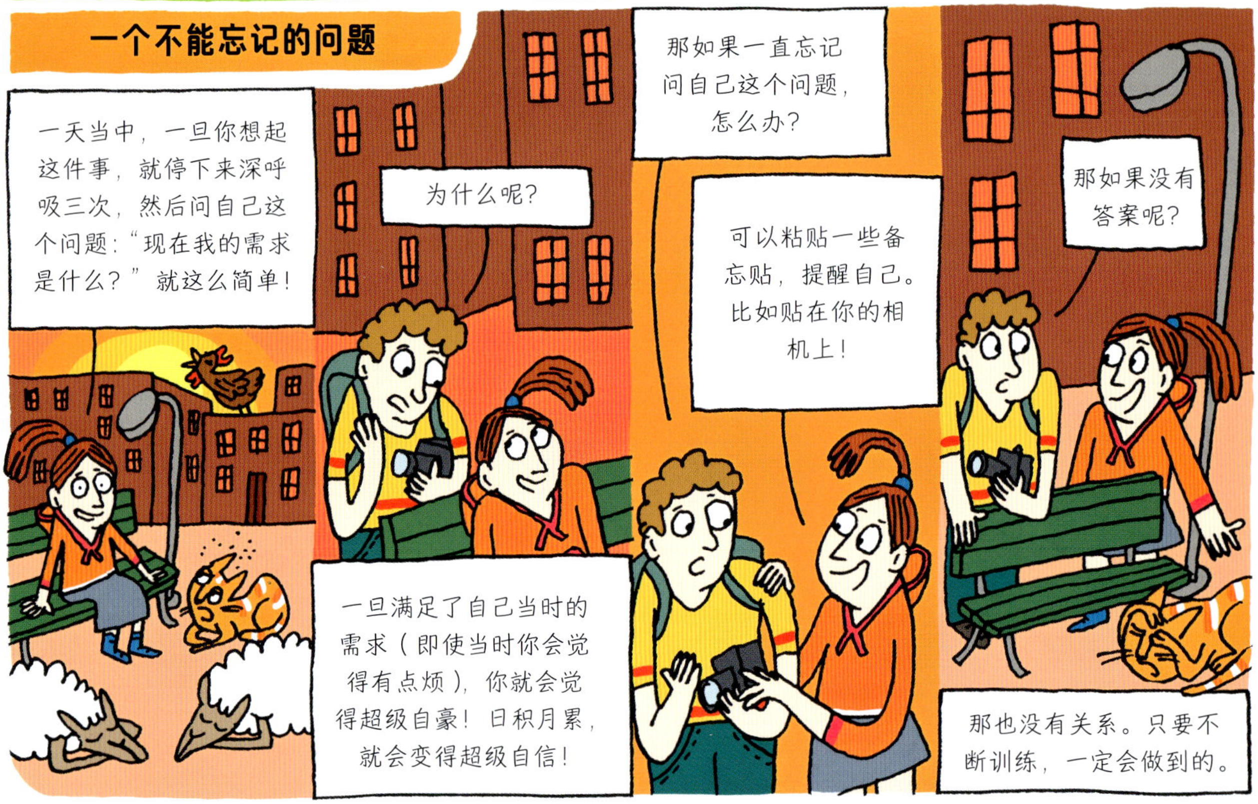


## 如果你的需求没有得到满足……

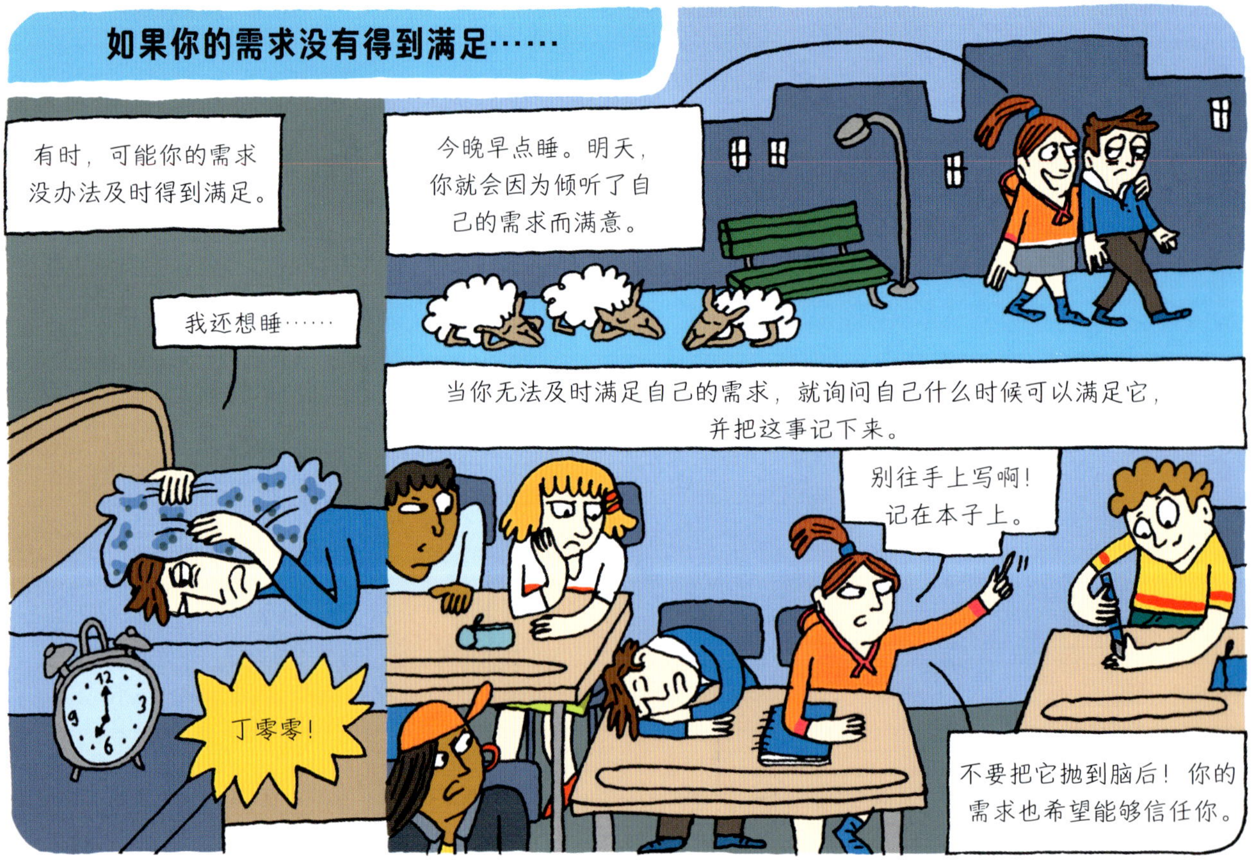

## 倾听你的梦想

你的身上藏着许多既珍贵又重要的东西（就跟阿里巴巴的宝藏一样）！

呼呼……

哇！

你们是否问过自己，什么对你们来说是最重要的？你们各自的梦想是什么？

我想玩说唱！想去各大音乐节！也想展出我的绘画作品！

我想办个摄影展！

**我想开个老鼠标本博物馆！**

真的吗？

汤姆，你呢？

我想和我喜欢的一位漂亮女孩一起玩。

我吗？

利兹，你呢？

嗯……其实我是有一些不切实际的想法，比如……

啊！

很好啊！没有人规定过不能梦想一些不切实际的东西。说说看？

我想当演员，想到全世界旅游！我还想开飞机，想写书。还有……

当你了解自己的梦想，也就等同于给自己插上了翅膀，这有助于建立自信！因为这会让你意识到，自己身上隐藏着许许多多的价值。

# 本章小结

## 倾听自己，就是仔细关照自己的情绪、身体和需求……还有梦想！

每种情绪传递的都是一则关于你自己的信息。根据你所感受到的情绪逐一去破解它吧：生气、悲伤、被拒绝、不受重视、高兴、气馁、不被理解、紧张、气恼、失望、嫉妒、愉快、羞耻……这样，你就能更好地理解自己和其他人。

身体常常会和你说话。事实上，身体的各种不适（例如疾病、疼痛），是它自我表达的一种方式。你越会倾听它，就会感觉越自在。

事实上，情绪没有对错之分，也就是说所有情绪都是正常和自然的。

有时情绪愉快，有时情绪不愉快，这样区分就足够了。

不要为身体带来的困扰而烦恼，而是把它看作一个游戏，这样会很有意思。

但是不能耽误了真正的病理性疼痛。这种情况下应及时就医！

这一刻，我们很放松……

你越能及时满足自己的需求，就会越有自信。你将意识到，通常情况下，自己都有能力独立解决问题，你是自主的。

在探索哪些东西对自己来说最重要的时候，你也会变成自己内心的探险者，你的任务是在自己身上发掘出巨大的宝藏！记住，从来都没有微不足道的梦想，也不存在大到不可能实现的梦想！

这是一张需求清单，可以从它起步。此外还有许多别的需求等着你去发现哟。

有的梦想会让你感觉自己很有用，会帮助你更自信！

我要开一个老鼠标本博物馆！

吃、喝、休息、拒绝、提问、说出真实想法、被爱、有安全感、想独处、走动、被倾听、安心、做自己想做的事情、睡觉、玩耍、创造、安静、去看朋友、大笑……

梦想要敢于说出来。这样，你会交到很多和你拥有同样梦想的伙伴。另外，当你发现其他人和你拥有相同的梦想时，这也会让你更有自信！

抓老鼠！

你是不是也梦想为那些不会抓老鼠的宠物猫开一个博物馆？

## 激励自己完成一些能让自己满意的小事！

自我激励，就是表达对自己的信任，告诉自己"我能行"。

那当你自己不信任自己时该怎么办？

去问那些信任你的人：好朋友、爸爸妈妈，还有大家……他们会告诉你：你一定可以！你也一定要听他们的！

问查理！

嗯？

你一定是最有幽默感的小丑！

你怎么知道？你不了解我，你才来马戏团三天。

不过听你这么说还是很高兴。

激励自己先从一些最常规的动作做起。

哇！这一跳成功了！

哇！

意识到自己能做成一些之前没做过的事情，这会令你对自己刮目相看。

经常完成一些小任务，会比时不时干成一件大事更有效。因为小事更简单，而且也能帮助你养成勇于行动的好习惯。

好吧，我先从两个球开始……

慢慢地，你就会达到一种自如的境界，这是你之前到不了、一般人也到不了的境界。这是一种迹象，说明你进步很大（在提升自信方面！）。

耶！

也请对自己说，如果想做一件事情，是没有理由不能达成的。那么，尽管放手去做吧！如果不去尝试，永远也学不会！

好吧，如果只有学会这个才能去抓老鼠，那么我接受……

*请勿模仿本页中的危险动作。

# 勇敢者的实践——鼓励自己做一件事

## 每天完成一件事，令你更自信

找一件想要尝试做的事情，把它设定成当天要挑战的任务！

每天早上，问问自己：今天，有没有一件可以令自己引以为豪的事情，值得自己尝试去达成？这样到了晚上，就可以对自己说，我度过了超有意义的一天。

这可以是一件很小的事情……

也可以是一件大事。

穿上我的粉裙子。

实现空中三滚翻！

如果没有成功完成这件事情也不要紧：敢于尝试做一件事已经足以给你很大的自信。这样，经过下一次，下下次，你一定会成功的！

## 允许自己被说服

跟最好的朋友见个面，告诉他你很想做但又感觉没有什么把握的事情。

我想参加这次摄影比赛，但是……

请他说服你可以做到！让他举出一系列案例来说服你。

一定可以！你是摄影界的天选之人！你拍的照片非比寻常！查理，你就是那个重新定义摄影的少年！

你是不是有点太夸张了？

## 加油！

我会看着镜子里的自己，自我激励，就好比自己就是体育教练一样。

大家打起精神来！我们现在开始。很好——很好！深呼吸，加油！

## 夸夸自己！

每次遇到这样的机会，都不要忘记夸夸自己，享受这种成就感！

不一定非得要等到做成了某些了不起的大事……不管什么时机都可以！

看，我今天想到带伞啦！

奥斯卡！

嗯？

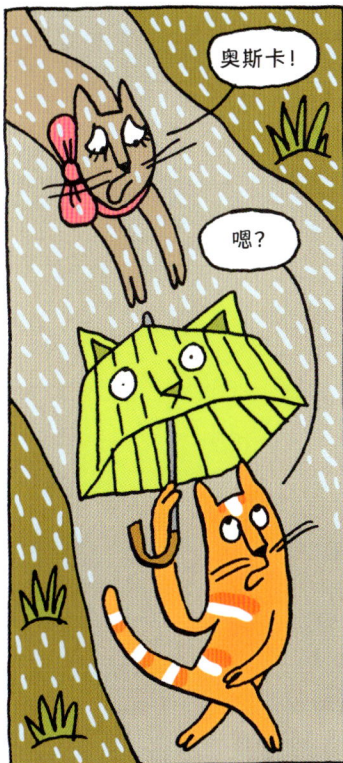

每一次夸奖自己，你都会收获更多的自信，因为这会让你了解到自己的才能和成就。

真棒，帅猫猫，你让人放心！

你也可以跟人讲讲自己的成就。不是为了吹嘘，而是为了学会和他人分享你的快乐。不管怎么说，这总比抱怨好得多！

今天早上，我还犹豫带不带伞呢。后来我跟自己说：万一呢！

好聪明的猫……

# 勇敢者的实践——学会赞扬自己

## 欣赏自己取得的成功

能回想起自己的成功是很好的。现在请尝试去全身心地欣赏它们，这种满足会有助于建立自信。

想一想，你上一次取得的成功是什么？在哪个时刻，你证明了自己的自信？

利亚，我想跟你说……

嗯？

我觉得你很迷人。

要对自己感到自豪，用心感受自己的自信。这非常重要，因为你越感到自信，就会变得愈发自信！

二地铁

要尽可能地训练自己去多多品味自己的成功。

这个要练习很久吗？

## 和他人分享自己的成功

选取一个最近发生的成功案例，然后挑战自己，去和别人聊聊它（不少于一个人）。

汤姆，你想知道吗？

不想。

好吧……

我很开心，因为……我动手写了故事的第一页。

哇！真棒！

是啊。

"我很开心，因为……"

如果你夸自己是因为对自己满意，而不是为了吹嘘，那其他人也会跟着夸你的！这样一来你就会获得双倍自信！

## 应避免的误区

**害怕别人评论自己**

我总是刻意避免做一些容易招致他人嘲笑的事情。

不行。

喷。

这样一来，我会更习惯于重视别人的感受，而会忽略自己的喜恶。

你喜欢什么颜色？

嗯……你呢？

黄色。

我也是。

这就好比我更信任别人而非我自己。你明白了吗？

好消息是，这很正常！每个人都希望赢得他人的喜欢，大家都是这样的。

不只是人类……

因此，你可能会在意别人是怎么想的，这很正常，但是不能让它影响到你的生活。就这么简单！

他在干什么？

另外一个好消息是，我们不可能赢得所有人的喜欢。总是会有一些人喜欢你的所言所行，有一些人则不喜欢。

他想办一个关于脚的摄影展。

无聊！

真酷！

因此，不惜一切讨他人的欢心是没有任何意义的。深呼吸，活得放松一点吧！

我爱蓝色！耶耶耶！

当你决定不再畏惧他人的评价时，你将收获很大的自信和自由感。这会让你感觉很好！

47

# 奖励自己!

所谓奖励，就是你自己送自己一份礼物，奖励自己是最棒的!

如果你对自己满意，除了夸夸自己，是否还可以给自己一个奖励?

由于很长时间没有聊过老鼠了，我要给自己一个奖励……我要奖给自己一个草莓蛋糕!

想要什么样的奖励，由你决定。可以是具体的东西（一件东西，一包糖果……），不过……

最好的奖励是给自己时间去做喜欢的事情，去做一些最能让自己开心的事情。

抓老鼠!

看会儿日落吧，不用马上拍照。

聆听寂静。

玩滑梯!

尝试晒黑……

泡澡。一泡几个钟头!

48

*请注意猫咪不可食用蛋糕，此处为剧情需要，纯属虚构。

# 勇敢者的实践——学会奖励自己

## 给自己找到真正的奖励

刚开始的时候，除了打游戏，我从来不知道如何奖励自己……

这一局我不能输，要不然就不算奖励了！

不过话说回来，游戏呢，我一直都在玩，拿它当作奖励的确也没啥意思。

于是，我自己列了一个奖励清单，列举了一些非比寻常的东西。

好好想一想，你都喜欢些什么？这样，当你想奖励自己时，就知道该怎么办了！

感觉都有好几百年没抓老鼠了……我都瘦了！

唔，那么……

到萨拉家过夜
吃一个水果奶油布丁
去看戏剧
在草坪上读书
在沙发上躺着

## 开个派对

办一场派对来庆祝自己的成功，是一种奖励自己的好方法。不一定非得要办一个有 DJ 的那种大派对，只要你开心，完全可以和家养的金鱼一起庆祝！

# 本章小结

**成为自己的头号粉丝，就是要养成鼓励自己勇于行动的习惯（哪怕只是完成一些小事），夸奖自己的成就……并学会庆祝它！**

行动，是发掘一个人能力的最有效方法，也是让你在重要的领域里取得进步的最好方式。你越是敢于行动，就会越有自信，因为你会感觉自己无所不能。

真棒！真棒！

这样一来，你越自信，就越敢于去行动，完成一些以前不敢做的事情。

也可以要求别人给予你鼓励！

每次，你因为一件做得满意的事情夸奖自己，就如同给自己注入一剂自信的强心剂。

查理正在准备他的第一场摄影展了！

自信度上升！

利兹的书快写完了！

嗯……其实我刚开始写，但是我非常开心。

是呀，不过……

夸奖总是让人开心的。不要吝于夸奖自己！

奖励自己，是一种认可自己成就的方式，它告诉你，你可以相信自己的能力。每一次奖励都有助于增加自己的自信度！请不要吝于庆祝自己的成功，但是也不要忘记：最大的奖励，是知道自己在进步，每一天都变得更自信、更从容。

这样庆祝是不是有点夸张？

那又怎样？我们自信，我们高兴！

*请勿模仿本页中的危险动作。

**各就各位！**
**自信心准备起飞啦！**

如果想和我们一起升空，那就得事先完成本书中的练习题哟。

非常有意思的一点是：当内心的自信逐步丰盈，这不仅会令你自己变得越来越好，也会让你成为别人需要的资源，他们知道可以信赖你、倚仗你！你将成为榜样。你的自信也将加深他人对你的信任；而反过来，他人寄予你的信任又令你更加自信！这就形成了一个良性循环：一件良性的事情会推动另一件，如此循环往复。

# 一、二、三……出发！

# 心理自助小分队，出发！

## 提高专注力，养成好习惯

[法]热拉尔丁·宾迪 著　[法]马修·罗达 绘　张　涛 译

南京大学出版社

非常感谢马修极具创造力和幽默感的精彩漫画,还有卡斯特曼(Casterman)出版社的信任。特别感谢玛丽娜参与这个项目并提出睿智建议。

—— 热拉尔丁·宾迪

LA BD QUI T'AIDE À TE CONCENTRER ET À MIEUX T'ORGANISER
Text by Géraldine Bindi and illustrations by Matthieu Roda
Original French edition and artwork © Editions Casterman, 2022
Simplified Chinese translation copyright © 2024 by Beijing Everafter Culture
Development Co., Ltd.
This copy in Simplified Chinese can only be distributed and sold in P.R. China,
no rights in Taiwan, Hong Kong and Macau.
All rights reserved.

江苏省版权局著作权合同登记 图字:10-2023-402

**图书在版编目(CIP)数据**

提高专注力,养成好习惯 / (法)热拉尔丁·宾迪著;
(法)马修·罗达绘;张涛译. -- 南京:南京大学出版
社,2024.11. -- (心理自助小分队,出发!).
ISBN 978-7-305-28296-6

Ⅰ. B842.3-49
中国国家版本馆CIP数据核字第2024UL0099号

出版发行 南京大学出版社
社　　址　南京市汉口路22号　邮　编 210093
项 目 人　石　磊
策　　划　刘红颖
特约策划　奇想国童书

XINLI ZIZHU XIAO FENDUI, CHUFA! TIGAO ZHUANZHULI, YANGCHENG HAO XIGUAN
书　　名　心理自助小分队,出发!提高专注力,养成好习惯
著　　者　[法]热拉尔丁·宾迪
绘　　者　[法]马修·罗达
译　　者　张　涛
责任编辑　张　珂
项目统筹　李　辉　孟　蕊
装帧设计　李燕萍

印　　刷　河北鹏润印刷有限公司
开　　本　787mm×1092mm 1/16开　印　张 9　字　数 100千
版　　次　2024年11月第1版　印　次　2024年11月第1次印刷
印　　数　1—5000
ISBN 978-7-305-28296-6
定　　价　98.00元(全2册)

网　　址　http://www.njupco.com
官方微博 http://weibo.com/njupco
官方微信号:njupress
销售咨询热线:(025)83594756

# 心理自助

## 小分队，出发！

提高专注力，
养成好习惯

# 目录

放心，我们会为你一一解释清楚！

向着目标航行！

小心，头发吹乱啦。

# 我们是谁？

**吉米**

热爱音乐。
做事缺乏主动性，也缺乏条理。

**萨沙**

吉米的弟弟。
车迷，好动，非常黏人。

**伊娜雅**

跟吉米是邻居。
梦想成为一名教练，
从不休息，
做事非常有条理。

**黛安娜**

超级有活力，
爱好多项运动。
习惯同时做好几件事，
非常积极。

**诺亚**

吉米的铁哥们儿。
绘画迷，痴迷电子产品，
爱幻想。

**米蕾耶**

伊娜雅的松鼠，很怀念森林，有
时会闹情绪。本性善良。非常活
泼（自从不玩电子产品后）。

特别声明：我是个
女孩。我讨厌别人
把我当男孩看。

## 为什么要养成做事专注且有条理的好习惯？

向大家介绍一下，这是我的房间，有点乱，像我本人一样缺乏条理。

嘀嘀——！

不过话说回来，我不是唯一一个把东西搞得乱七八糟的人……

嗯？

吉米，你的房间收拾好了吗？

妈妈告诉我，如果东西收拾得干净整齐有条理，我就能更专心地写作业和学习。

我试过收拾得非常干净，但是收拾完，我找不到东西了。

嗯……我把笔袋放哪儿了？

稀里哗啦

啊，找到了。

你在干什么？

所以收拾东西对我来说不管用。

以前，妈妈不怎么担心我的学习。但是今年开学以来，大家就不停地数落我……

完全可以做得更好

缺乏主动性

缺乏条理

不专心

总之，因为缺乏条理、不专心和缺乏主动性，我的功课不是很好……

我是有点容易分心。再说了，上学也不是我的强项。

学校里有伙伴一起玩，其余嘛……我真看不出上学有什么好处。

我喜欢上学！

是吗？可是你知道你的老师怎么说你吗？

怎么说？

话痨，

哼……

才没有。

还坐不住。

不过，当我们的新邻居搬来时，妈妈有了个绝妙的主意……

欢迎！

嘿！小松鼠！

谢谢，我叫西里娜，专注力教练。

松鼠女士哟。

稍晚些时候，妈妈告诉我这个消息。

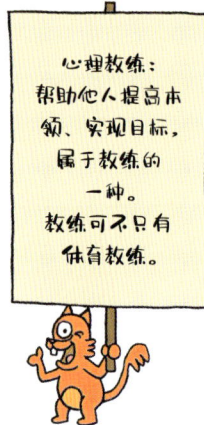

我给你找了个心理教练！她能指导你，让你在学习上更有条理，还能帮你训练如何集中注意力，让你学习更专心。

啊。

心理教练是什么？

心理教练：帮助他人提高本领、实现目标，属于教练的一种。教练可不只有体育教练。

有趣吧？

我能想象到，这是一位不苟言笑的女老师，一点都不有趣，专门教育大家要学会有条理……

丁零

吉米，找你的！

喂喂，听见了吗？有人找你！

嗨！你是吉米吧。

我叫伊娜雅，实习教练，时间管理专家。

4

## 教你成为做事专注且有条理的高手！

和伊娜雅这个教练在一起，我超级有主动性。一有主动性，学什么都更容易了。

有条理不是与生俱来的。

啊……

我也不是天生就很有条理，不过这是可以学习的，知道吗？

首先，要知道什么是有条理，还有专注力。

不要碰！

哎哟！

嗯……就是用正确的方式做事吧。这样不会花费我们太多时间。

嗯，不过这是结果。因为我们只有有条理且专注地做事，才能达到这样的效果。

有条理，是指有计划地想好要怎样完成一项任务以及所需要的时间，保证做事更有效率。

专注力，是指把所有的注意力集中在待完成的任务上的能力。

有条理和高专注力，是帮助你学习好的两个必不可少的条件！不仅仅是学习好哟。

你做事越有条理、越专注，功课就会越好，生活也会更轻松，这种能力同样可以用在玩音乐上……

她猜到了！

你能……

学得更好

更自信

越来越独立

在各个方面取得进步

实现梦想！

总之，成为人生赢家。

哇……这些我得跟诺亚说说。

5

# 合理利用时间!

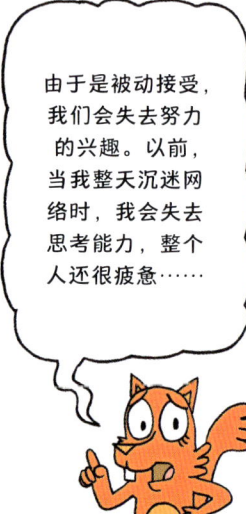

目标!

优先事项!

规划!

理想的一周!

二人互助组!

梦想!

任务清单!

珍惜时间!

---

我和伙伴讲了伊娜雅还有她的那些"诀窍",他们都迫不及待地想见见她。

她来了!

---

这是黛安娜和诺亚。

幸会。我是伊娜雅。

我是米蕾耶,她的助理。

我呢,怎么不介绍我?

为了不耽误时间,伊娜雅就从时间开始讲起……

不管发生什么,我们的一天都是二十四小时,对吧?

是的!

然而,当大家回顾这一天做的事情,有的人会意识到自己收获很多,有的人却很少。

---

我想做的事情太多了,但往往一天下来什么都没做成。

我呢,是不知道该做什么。

我呢,每天都做同样的事情,不够充实……

你经常做什么?

画画。

很酷。

还有……

他看电视。

---

啊,你看电视连续剧的时候是很开心,但是看完后就会对自己不满意,因为你没有创造任何东西。

由于是被动接受,我们会失去努力的兴趣。以前,当我整天沉迷网络时,我会失去思考能力,整个人还很疲惫……

我也一样,我把放假的时间都用来玩平板电脑,感觉也很不好。

画画则不一样,画画的时候,你是在创造,在这个过程中你会取得进步……

嘀嗒!嘀嗒!

---

6

# 你的时间很宝贵！

嘀嗒！嘀嗒！

为了好好利用时间，我们首先需要意识到它的价值。

你们想过没有，时间对我们来说，意味着什么？

啊……

时间就是过日子！

有人说"时间就是金钱"。但实际上，时间就是生命！

如果总是被迫去做一些事情，会有压力的。

不啊，你可以决定某些时刻什么都不干，这也很重要。

但如果你一直这么放任时间随意流逝，那就遗憾了……

咔嗒

时间过得很快的……

如果除去咱们在学校的时间，其实留给自己去做喜欢的事情的时间是很有限的。

是啊。

你的时间越少，你就越会意识到，应当好好利用它，来做一些让自己感觉良好的事情。

昨天我对自己超级满意，因为我在一个社交阅读平台上写了我的第一个故事。

哇，我要去读读看！

我呀，我把拼图都整理到相应的盒子里了！

你越意识到时间的宝贵，就越有动力去让事情变得有条理。

# 利用好时间，做最重要的事

要想利用好时间，首先需要考虑清楚你想用它做什么。

当你明白了时间的珍贵，你就不会想去浪费它了。但是如果你不知道用它干什么，那么时间对你来说也没有太大用处。

如果你没有思考过什么对你来说最重要，那么总有一天，你可能会意识到："哎呀，又到年底了，我想画的漫画还没有画出来。"

差不多是吧。

呼噜……

你怎么知道的？！

或者是："我还没有组建我的摇滚乐队……"

我不是唯一一个知道你梦想的人吗？

嘘……

我，要成为我们市第一个赢得青少年铁人三项的女孩！

铁人三项包括：游泳、自行车和跑步。

想一想今天有哪些事对你们来说是重要的。

开探险车庆祝生日！

或者是多花些时间和朋友在一起、和家人出去旅行，又或者是在学习上取得进步……

最后这项只有父母会觉得重要吧！

你说的是你自己吧！我可不想每年学习都垫底，也不想考不上梦想的学校。

我也一样。为了能考上美术学校，我要取得好成绩，因为他们只录取最优秀的人。

学校是我们花时间最多的地方，如果能取得好成绩，还是让人很开心的。

是的。

取得好成绩，并不意味着任何事情我们都要做得完美，而是要有进步，使自己变得越来越出色。

尤其是我们在这里学到的，有一天将帮助我们实现梦想。

# 小实践

## 什么对你来说最重要?

### 学会总结

在认识伊娜雅之前,我从来没有想过自己的时间都用在什么地方。我每天总是机械化地做同样的事情。

哔哔

看电视剧
玩电子游戏
上网冲浪
画画

你的时间都用在哪些地方了?
像我一样
写下来吧。

接下来请思考:继续做这些事情是否能让你快乐和满足,是否能帮助你取得成就。如果是,那就太酷了。

如果不是,那就少做,比如尽量看些对你有用的视频(例如:画画教程)。

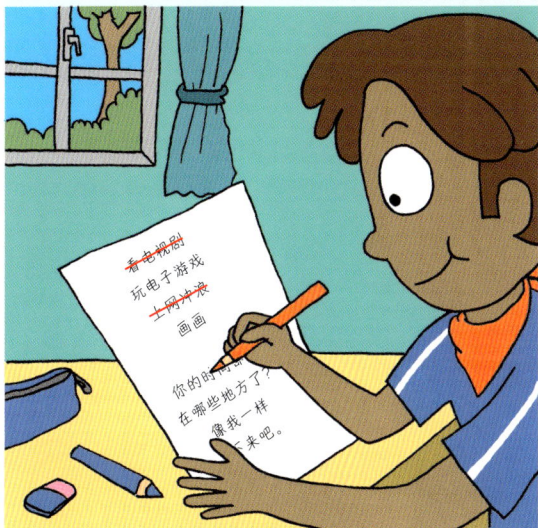

看电视剧
玩电子游戏
上网冲浪
画画

你的时间都用在哪些地方了?
像我一样
写下来吧。

告诉自己,那些被取消和减少的活动,会让出时间和位置给那些更能让你充实、更有意义的事情。

### 理想生活思维导图!

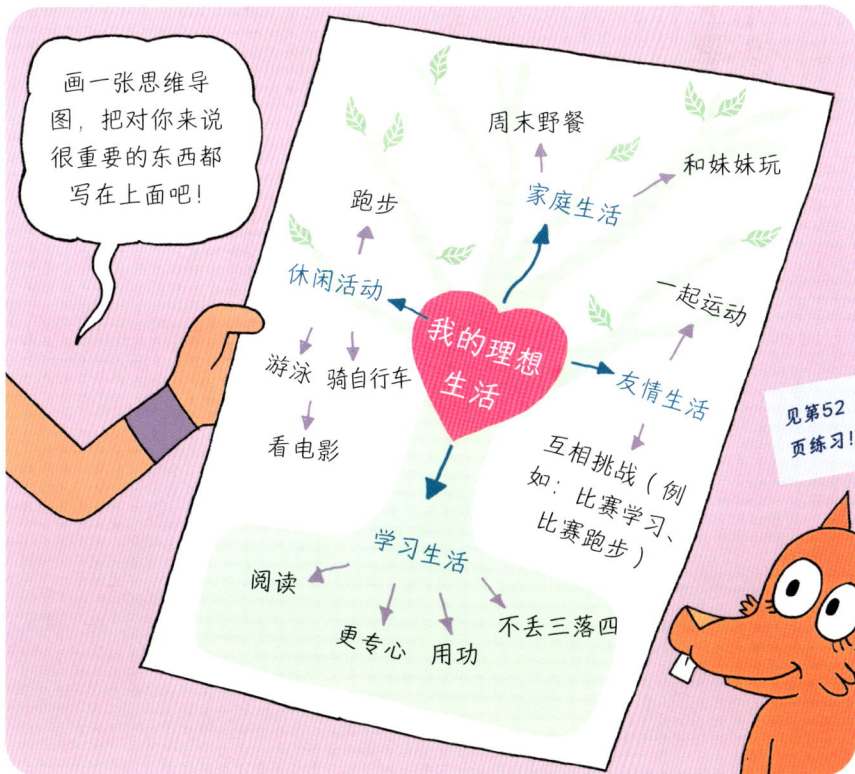

画一张思维导图,把对你来说很重要的东西都写在上面吧!

周末野餐
和妹妹玩
跑步
家庭生活
休闲活动
一起运动
游泳 骑自行车
我的理想生活
友情生活
看电影
互相挑战(例如:比赛学习、比赛跑步)
学习生活
阅读
不丢三落四
更专心 用功

理想生活思维导图是一个非常棒的工具,能一目了然地提醒我们一些事情。

见第52页练习!

# 给自己设定目标

现在你知道自己想用时间来做什么了，就可以给自己设定一些目标。

有了目标，就能激励自己积极做事，从而达成目标，就如同自己挑战自己一样。

什么是目标？

要达到的一个目的。要追求的一个成果。

每达成一个目标，都会带给我们自信。

耶！

太棒了！

突然间，你多了许多可以跟别人分享的东西。

啪啪 啪啪

这表明你有能力做到这些事情，同时你也意识到自己在进步。

你知道吗？

啥？

我想重新布置房间，把它变成一个漫画工作坊！

你将不再是他人生活的旁观者，而是自己生活的积极参与者。

我的梦想是画得和《航海王》的作者尾田荣一郎一样好。

哇！

有一个想要实现的目标是非常重要的，这不仅能激励你投身到学习（或某项活动）中，还能帮助你集中注意力。

一些科学研究显示，注意力不集中可能是因为大脑对兴趣的缺乏。

我就不懂科学。

目标 = 更大的激励 = 更好的专注力

此外，设定确切的目标也非易事。

可以从一些自己想实现的目标开始列举。

比如，组一支摇滚乐队，教音乐课……

酷！

好的。这些都是长期目标，组乐队可能得要一年，教课的话时间可能得再长点。

要这么长时间啊。

是的，不过在这期间你也可以给自己设定一些短期目标。

= 能更快实现的

为了实现长期目标，每周可以做些什么呢？

嗯……练习演奏。

要更明确一些：每周练几个小时？用什么乐器？

练一个小时的贝斯，一个小时的吉他。

对，就这样！如果你有想实现的大目标，这样是不是就能激励你了？

咻——

是！

如果对于一些没什么激励性的任务呢？比如说一门我们不喜欢的学科。

如果你的目标是在数学上取得进步，那可以每周给自己规定一个小时的练习时间。

嗯。

可能这件事目前做起来没什么意思，但是一旦取得进步，你会感到超级自豪。

是的。为了能够彼此激励，还可以组成二人互助小组。

就是两个人组队。

这样彼此之间可以互相分享进步，相互打气。

太酷了！咱们组队吧？

哥们儿，我和你组队！

我们组个女孩二人组！

我要和米蕾耶一队！

# 小实践

## 如何给自己设定目标?

### 列一张目标清单

**列一张目标清单**

- 我的目标
  成为一名优秀的
  音乐家

- 经常收拾房间

- 在数学上取得
  进步

**为实现目标要采取的行动**

- 每天练习
- 学习乐理知识
- 在网上报一门课程
- 每周末为朋友们演奏
  一次（超级燃）
  （诺亚的主意！）

- 每周（至少）收拾一次

- 每晚重做课上不会做
  的练习

参见
第55页！

> 这是我列出来的表。

> 你也可以问问
> 互助小组里的
> 伙伴或者爸爸
> 妈妈，让他们帮
> 你出出主意！

### 给自己定好学业目标

> 要考上体育院校，不能
> 光体育这一门学科成绩
> 好……所以我按学科制
> 订了一张目标清单。

**每个学科逐个攻破的计划！**

阅读 → 每天阅读一小时自选书＋每周三去
一趟图书馆

写作 → 写日记（这个也能练习，很有趣）

数学 → 每周末做几道习题

艺术 → 和诺亚一起画画

英语 → 每天学一些新单词＋看英语视频

体育 → 还行（我的训练量已经够了）

地理 → 在厕所里贴一张世界地图，每天记
住一个国家的位置

道德与法治 →（和妈妈一起完成）

> 如果有些事情对你来说的确
> 有难度，可以试着把目标设
> 定得有趣一些，就像我把地
> 图挂在厕所里一样。

> 如果你喜欢画画，也
> 可以把学业目标画成
> 一张思维导图。

想了解更多，
详见第52页！

# 对自己要求过高

黛安娜，你可能需要对你的目标进行一下筛选。

我知道，我的精力太分散了。我想做的事情太多了……

是的。这样做的风险就是事事都草率，到最后什么都完成不了。

如果目标都不能实现，你也将会很失望，不能拥有成功的喜悦。

那是肯定的……

每天不要超过两个目标。两个已经很多了！

好的。

不要对自己要求太高：如果哪一天目标没能全部实现，那就下一次再继续。

完成一两任务需要下很多功夫，这是需要时间的。

哪怕是降低某个目标的难度或者干脆取消它也没有关系。之后还可以再补上！

我之前决定每天要阅读一小时，因为我的阅读量不够，而且写作时老出错。

但是一个小时对我来说太多了！搞得我一点都不想去做了……

于是我给自己定了个更合理的目标：每天阅读15分钟。这样付诸行动就变得更容易了，我对自己也更自信了！

# 学会规划时间

当你确立了自己的目标，接下来就需要以明确的方式分配你一天或一周的时间。

在父母和学校给你安排的时间表之外……

还有课外活动！例如每周三下午2点到3点我会学画画。

除去做这些事情，剩下来的时间，你有没有想过怎么安排？

就是那些你在空闲时间里特别想做的事情。

为了更清楚，可以给自己做一张周时间计划表：把一周内固定的活动用黑色笔标记（上下课、做作业、课外活动等），剩余时间里的活动则用彩笔标记。

好的。

不要忘记标记玩电子产品的时间。

| | 周一 | 周二 | 周三 | 周四 | 周五 | 周六 | 周日 |
|---|---|---|---|---|---|---|---|
| | 7:30 早饭 | 和周一一样 | 8:30 早饭 | 7:30 早饭 | 和周四一样 | 8:30 早饭 | 周日是特定的…… |
| | 8:30~16:30 上学 | | 9:30~12:00 上网，画画 | 8:30~16:30 上学 | | 9:30~12:00 上网，玩电子游戏，画画 | 经常和父母出门…… |
| | 16:30~17:00 游戏，放松 | | 12:00~13:00 午饭 | 16:30~17:00 放松 | | 12:00~13:00 午饭 | |
| | 17:00~17:30 做作业 | | 13:00~14:00 放松，看电视 | 16:30~17:30 做作业 | | 13:00~13:30 放松，看电视 | |
| | | | 14:00~15:00 青少年文化中心绘画课 | 17:30~19:00 看电视/玩电子游戏 | | 13:30~16:00 和朋友们玩耍 | |
| | 17:30~19:00 看电视/玩电子游戏 | | 15:00~16:00 看电视 | 19:00 晚饭 | | 16:00~16:30 下午茶 | |
| | 19:00 晚饭 | | 16:00~16:30 下午茶 | | | 16:30~17:00 做作业 | |
| | | | 16:30~17:30 做作业 | | | 17:00~19:00 看电视/玩电子游戏 | |
| | | | 17:30~19:00 看电视/玩电子游戏 | | | 19:00 晚饭 | |

哎呀呀！玩电子游戏的时间居然这么多！（有时真是要写下来才能意识到……）

可配合第59—61页的练习一起进行！

计划表列好后，用彩色笔进行筛选：看一下哪些是你最愿意花时间投入的事情，哪些活动是可以取消（或减少）的。

哇，都是上网……和玩游戏！

我听太多音乐了。

这么一看，每天晚上我和闺蜜至少要花一个小时聊天！

我要取消洗澡！我宁愿玩小汽车。

这主意不好。洗漱是必选项哟。

重新看一下你的"平常一周"，把它变为"理想一周"吧！这能帮助你在重要的领域取得进步。

比如，你可以把玩电子游戏的时间拿来做一些更有用的事情。

好吧，那我每天晚上画一小时画，不玩电子游戏了。

我每周三不听音乐了，换成演奏音乐。

我每周六不练自行车了，因为周日练过了，改成去图书馆一小时。

主动比被动更有用，也更有价值。

每天给自己留出一些空闲时间，做让自己感到快乐的事，放松、消遣或犒劳自己。

嗯……我想再去爬树！

这样，即使在学校度过了漫长的一天，晚上回到家，你也会觉得超级充实，因为你完成了一些对自己有益的事情。

哇！我已经开始阅读一本超棒的书：《女子自行车赛冠军的故事》！

耶！发泄一下也不错！

砰

至于功课，刚开始可以在学习上少分配一点时间，等感到能轻松自如地应付时，再增加学习时间，要不然你会很容易气馁并放弃的。

唉，我对几何没天赋，不过学习15分钟应该不难吧！

小的进步 + 小的进步 + 小的进步 = 大的进步！

# 小实践

简单来说就是：列任务清单。

## 学习管理时间

### 任务清单！

我可喜欢任务清单了！

每周末我都会拟一份任务清单，因为周末的时间最充裕，寒暑假也是。

任务清单可以写在一张纸上，商店里也可以买到现成的日程本。

任务清单
3月10日 周日
- 读书10分钟
- 重温数学练习
- 跑步前热身
- 给奶奶打电话

我会写上日期，最重要的三件事用红笔写。

每完成一件，我就在事项前画个钩。感觉很好！

**任务清单**
**3月10日 周日**

- [ ] 读书10分钟
- [✓] 重温数学练习
- [ ] 跑步前热身
- [ ] 给奶奶打电话

参见第62—63页！

### 确定优先事项！

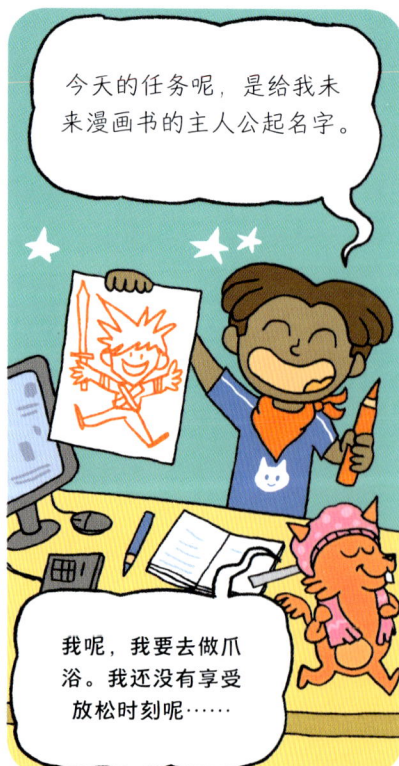

每天早上，我都会定好这一天的优先事项，就是那些我一定不能忘记，而且做完后能让我感到特别充实的事。

否则，他就会推迟！

昨天背诵了一首课堂上学习的诗。这件事不怎么好玩儿，但我还是办到了，真酷！

假如生活……

诗歌

今天的任务呢，是给我未来漫画书的主人公起名字。

我呢，我要去做爪浴。我还没有享受放松时刻呢……

16

# 本章小结

当你学会了如何好好利用时间，你将会变成一个更有条理、做事更高效的人。时间会帮你成为你想成为的人，并帮你实现心中所想……你也会意识到，管理好时间就是管理好人生！

**1** 当你意识到，流逝的分分秒秒都是你生命的一部分，你就会想充分利用好每一刻。

电子产品是时间小偷，会令你沉迷不能自拔。

如果不注意，它会吞噬你所有的空闲时间。

之前的我就是这样，原本只想玩5分钟的社交媒体，结果两个小时过去了，我还在上面……

啪啪 啪啪 啪啪

好的，我懂了。我更愿意成为一名专业漫画家，而不是一个整天看电视剧的家伙。

**2** 好好思考一下，哪些东西对你来说是最重要的（计划、梦想……），这样会激励自己变得积极主动，更有动力优化时间安排。

要不然，你就会变成一具行动毫无方向和目标的"僵尸"了。

太可怕了。

我喜欢僵尸。

而如果找不到更好的事情可做，你可能还是跑去玩电子产品。

伊娜雅雇我当助理之前我就是这样的。太令人沮丧了。

**3** 一旦你明白了什么对你很重要，你就会给自己的人生制订各方面的目标。

**4** 做好时间规划，不仅能令你不再精疲力竭，还能让你做事具有很好的条理性。

为了考上这所学校，我一定要全面进步！目标看似有点大，但是每天完成一个小目标，就会很容易的！

体育学院

有了合理的时间表，脑子里的一切都更清楚了。你会意识到，在一天或一周的时间里，能够完成很多事情。

你还将成为电子产品的主人（而不是被它们牵着鼻子走）！

# 培养好习惯!

日常生活中，我们会有一些自己意识不到的习惯。

好习惯还是坏习惯？

倾听自己的情绪

主动帮助别人!

学会说"不"

呼吸新鲜空气

勇于求助

休息 活动身体

习惯就是我们几乎每天都会不自觉去做的事情。

以前我从来没有意识到，我在看电视和玩游戏上花了那么多时间。

那是你习惯了。

是的。我要改进! 今后我每天看电视剧不超过一集，电子游戏最多玩 20 分钟（定个闹铃），多出来的时间我用来画画。

习惯 1

习惯 2

习惯 3

习惯 4

习惯 5

自从有了智能手机，我每天睡觉前都要听很长时间的音乐。

我会给闺蜜打电话。

不能因为我们总是做一件事情，就说这是好习惯。

是呀。我每天晚上睡觉都很晚，导致第二天早上起不来。

他上课睡觉!

习惯 3

我每天晚上也都泡在社交网络上……

习惯是我们生活中的重要组成部分。为了进步，对它进行盘点是很有意义的。

让我们看看哪些习惯是好的，哪些习惯对我们不利。

最棒的是：当你每天改变一个习惯，你的一天都会跟着改变! 然后是一周，一年!

真的吗？

是的! 如果你每天晚上限定自己只听四五首歌或只看 15 分钟短视频……

哦……那不是很多呀。

喂，放下电子产品!

是的。但这样做了，第二天你就会精力充沛、心情舒畅、元气满满，拥有充满收获的一天!

可以拿出一个星期的时间做尝试，比如这周早上或晚上不接触电子产品，看一看会带来什么变化，怎样最适合自己!

# 保持健康的体魄！

教练经常跟我说：良好健康的生活习惯是一切成绩的基础。

要想在事业上取得成功，前提条件是保持健康的体魄。

如果没有休息好，想集中精力去做一件事情是不可能的。

那怎么做才能保持健康的体魄？靠多睡觉吗？

是的。不要睡得太晚。

每天至少睡够8小时。

晚上尽量不玩电子产品。（会干扰我们的睡眠！）

哎呀……我睡得不够啊。

如果是特殊情况，没关系。会影响你状态的主要是经常做的事情。

电子产品也是如此：它们会导致头痛、背痛，甚至拇指肌腱炎。不是吗，米蕾耶？

是的。

尽可能多去爬树。这样我才能停止玩电子产品。

还应当好好吃饭！

没错！我们需要靠吃水果和蔬菜来获取维生素，还要多吃乳制品。

还有肉类。

除了肉类，鱼类和蛋类也是蛋白质的来源。

不要吃太多高糖和高脂的食品。

哦……

杏仁、榛子和核桃是可以放心吃的。

概括一下：均衡饮食就是什么都吃一点，不要挑食，也不要吃得太多或太少。

妈妈说不能饥一顿饱一顿。

自从开始吃早餐，我每天早上都感觉精力更充沛了。

如果早上不饿，可以拿个水果稍后吃。

多喝水也是必不可少的。我们的身体需要水，大脑也需要水才能好好地思考！

我们的身体一半以上是由水构成的！它存在于我们的细胞中，到处都有。

19

# 小实践

## 养成良好的生活习惯

### 好习惯还是坏习惯？

先来填一下这张问卷。

| 问题 | 是 | 否 |
|---|---|---|
| 喝水是否足量（每天至少要喝1.5升水）？ | | |
| 每天是否至少睡足8小时？ | | |
| 每天都吃蔬菜吗？ | | |
| 每天都吃水果吗？ | | |
| 每天的糖分摄入是否超标？ | | |
| 每天的高盐高脂肪食物摄入量是否超标（例如：薯片）？ | | |
| 每天是否至少运动30分钟？ | | |
| 是否给自己设定了每天接触电子产品的时间限度（比如：上学期间每天1小时，其他时间可以多一点，具体时间需要和父母商定）？ | | |

跳到第64页做个测试！

如果上面的答案都是"否"，那说明你在这方面有很大的进步空间。

如果说每天喝水量不够，那就记在任务清单上，提醒自己：每天早上醒来时喝一杯水，上学前再喝一杯水。

如果每天上网时间过长，那就应给自己留出明确的断网时间。

### 来点运动！

有人说孩子需要跑跑跳跳，消耗精力……其实对大人来说也是一样的。

我哥哥运动不多，所以整个人有点没精打采的。

你才没精打采呢！

做作业时，每写30分钟，停下来活动10分钟。

可以趁这段时间跳跳舞、伸伸胳膊、原地跑两圈……

你会发现，一旦做到了，接下来又能再学30分钟！

21

# 照顾好自己的情绪！

我们人一直不断地受到各种情绪的影响。

我也容易激动。

= 对情绪很敏感

但是我们经常意识不到这一点。

你怎么这么爱生气？

哪有，你别胡说！

当我无法完成想干的事情时，我经常会感到"压力山大"。

我也一样，压力往往是焦虑和恐惧造成的。

有一天，在网上看视频时，我明白了……

我们的大脑在处理情绪时，会影响我们的注意力。

如果我们能正确地使用网络，上面还是有很多很棒的东西的。

是的呀！举个例子，如果我们不能照顾好自己的悲伤情绪，它就会干扰我们，令我们分心。

是这样。

照顾好自己的情绪意味着要做什么？

嗯……

意味着要倾听它、了解它，并向有关的人倾诉它。

比如说，当我感到有压力时，我应该意识到，这是因为我害怕失败。

是的，要学会接纳情绪（受情绪影响是很正常的），然后把情绪告诉自己的爸妈或朋友。

把感受到的情绪表达出来会令你感到轻松，而且爸爸妈妈会帮助你的。

那生气呢？

首先，你必须承认自己生气这个事实。

情绪很讨厌人们无视它。

你总是说没发火，却又大吼大叫！

是，是……

22

接着你要（尽量平静地）去和他人解释，你为什么会生气。加油。

我生气的是，你把我的房间搞得乱七八糟，还用你的小汽车弄出许多噪声。

扑通！

事实上，如果你经常产生一些情绪，却对它们不加以理会，你可能会感到不安、紧张或沮丧。

这对集中注意力是没有帮助的。

那我以后永远也不能进你的房间了吗？

可以，但是在我学习和练习演奏的时候不可以。

扑通！

扑通！

等到我正式表演的时候，你可以当观众。

耶！

我想到了，我们刚刚说了一些负面的情绪（也就是那些让我们感觉不好的情绪）会妨碍我们集中注意力，但是正面的情绪（也就是那些让我们感觉舒服的情绪）其实也会影响我们的注意力。

是吗？

是的。当我们期盼的事情实现了，会因此而非常兴奋、激动……这个时候就很难集中注意力。

好像是……

在这种情况下，你可以尽情地表达自己的快乐（将它释放出来），接下来再埋头干正事。

下一场比赛万岁！

# 小实践

## 学会照顾情绪

**倾听自己**

当你感到紧张、恼火……进入一种躁动不安的状态，这时请暂停下来，闭上眼睛，问问自己都感受到了什么。

我一想到森林就会悲伤……

我想到将来的教练资格考试就会紧张。

接下来，如果可能的话，找一个人倾诉，给自己解压，并尝试找到解决办法。

我很伤心不能再跳上跳下了。我很想念森林。

那我带你去公园爬树如何？

好呀！

妈妈，我害怕这次考试考不好……

宝贝，你还有时间。如果这次考不好，还可以再补考。总之别担心，一切都会好的。

你其实需要的就是一句令人安心的话语。

**写下情绪**

我有点内向，总是不敢跟别人倾诉情绪，所以我会把这些记在我的私密日记里。

**3月25日**
今天因为天气原因，我没能参加铁人三项的训练，因此感觉压力很大。已经连续两个周末下雨了，我一想到成绩会下降，就焦虑不安……

我会把遇到的事和我的感受都写下来。接着我会想，怎么能让我感觉好些。

……什么能让我感觉好些呢？是一下周末放晴！我可以去室内游泳馆训练，也可以去健身房跑步。对，这样就棒极了！

当你写下内心的情绪，就如同把难题释放到纸上。此外，这也会帮助你找到更好的解决办法。

# 不会拒绝

当今生活中我们有朋友，有手机，有社交网络……

还有电子游戏和电视剧……

我们总是被各种请求或要求包围着。

当有人邀请我网络聊天或出去玩，我很难拒绝。有时我也想玩，有时又不想，但我又不敢拒绝。

我敢打赌，你不知道如何是好！

的确……

如果你什么都答应，你的时间就会很紧张，忙不过来，甚至还会忘记自己有更重要的事情要干。

唔……

当有好看的电视剧诱惑你，或有人叫你出去玩……

或邀你玩一款电子游戏的时候……

记得要养成在回答前先考虑一下的习惯。

看一眼时间表，想一想：接受了这个要求会让你感到更充实？还是拒绝为妙？

同意！

你来不来？

嗯……今天晚上可能不行。这周六下午可以！

对不起了，游戏机。我把自己画的漫画发布在网络上，这样比和你玩更快乐……

当你学会为自己着想而说"不"的时候，即使是拒绝那些你喜欢做的事情，你也会感到超级自豪！

# 勇于求助

S.O.S.

每个人难免都需要帮助。

学会求助也是我们需要养成的一个好习惯。

我能自己解决问题，我长大了。

求助也可以是在书上查找答案，或是上网看攻略，对吧？

为了避免长时间沉迷网络，应提前确定好要查找的东西，规定好时间。

嗯，可以充分利用手头能支配的资源。

这肯定有用，有时查书就足够了。

但如果还是解决不了问题，可以求助他人，请他用更容易懂的话给你解释明白。

如果你不敢提问，不敢请别人给你解释，也不敢承认自己不懂，那么你很难进步。

每个人都有比别人擅长的地方。大家是互补的，我们可以互相帮助！

我可以在美术上帮助大家。

我在音乐上。

我在体育上。

我们还可以找父母和老师帮忙，就算他们帮不了，也可以找有能力的人帮助我们解决问题。

就像我妈妈虽然不会说英语，但她给我报了个课外辅导班。

不管怎样，无论在学校还是在家，都不要遗留任何不懂的东西。

你的问题需要答案！

这些答案是助你达成目标的阶梯。如果中间缺了梯级，会摔跟头的。

啊啊！真不牢靠！

要知道，求助于别人并不丢人，反而是……

是勇敢的，有抱负的！

因为你知道你的成长离不开别人的帮助……

每个人都一样。

帕嚓

另外，帮你的那个人也会很开心，会觉得自己是个有用的人！

参见第65页。

# 本章小结

**为了最大限度创造成功的条件，需要做些准备，养成健康生活、管理情绪和勇于求助的好习惯。**

**1** 首先，要保证身体的健康：好好休息，好好吃饭，保证饮水充足，不要长时间地静坐玩电子产品。这样的健康生活态度能帮助你集中注意力，让你有动力学习，不容易沮丧。

疲劳的时候，容易提不起干劲，觉得事事都很难。

吉米，快来和我玩滑板！

马上就来。

加油，我要运动运动。今晚不看短视频了，我要睡觉！

**2** 情绪是我们日常生活的一部分。只要养成了解它并学会倾诉的好习惯，它就不会过多地纠缠你，会很快过去，就像波浪一样。

情绪本身还是很酷的，只要能做到不被情绪牵着走。它能告诉你一些信息（你是伤心了？厌倦了？……）。

啊啊啊！

为了帮助你识别情绪，这里我们列了一个单子。

当然还不止这些！

伤心 生气 开心 气馁 不快 怀疑 失望 惊喜 嫉妒 焦虑 害怕 苦恼 羞耻 不解…… 激动

跟恐惧相关的情绪会导致压力。

**3** 勇于求助是一个能帮助你节约大量时间的好习惯。

不要和我一样，明明不懂强说懂。这样你会产生很多缺憾，日积月累，你会发现以后要全补上来太难了。

缺憾

每个人都有短处（也有特长！）。为了学会独立解决问题，要先了解问题……

这样它才会不再成为明天的问题！

缺憾

**诀窍 3**

# 提高学习效率!

独处　安静　专注　自律　舒适　独立思考　自由自在　一样一样来!

刚刚我们学习了如何有条理地安排学习时间,接下来我们学习如何高效地利用这些时间。

我们学习是为了获得对未来有用的好成绩,这就要求我们有效率。

有些条件可以帮助我们提升效率。

那太好了,我可不想漫无目的地学习。我要登上梦想的阶梯!

我也是!

高效学习必不可少的条件就是……

专注力

唉。

如果你不能对所做的事情专心投入,那么要么把这件事搞砸,要么花了太长时间,要么学了就忘。

是啊,真讨厌……

哒哒哒　哒哒哒　哒哒哒

那怎样做才能专心呢?

这就讲。

已经说过了,不要玩电子产品……我是认真的!

喂!

电子产品会令你的大脑负荷过度,会令你心神不定……

大家老说你心不在焉,是不是因为你脑子里总在想别的事?

是的,我在想上一次玩的游戏。

看吧。

28

## 营造理想的学习环境

首先，你的学习环境非常重要。

这是你学习的地方。

学习环境会直接影响你的专注力。

的确。在课堂上我没办法专心听课，因为老有同学交头接耳。

在课堂上，我们要服从纪律，老师会负责监督，让我们有一个好的学习环境。

可以选一名认真听讲的同桌。

你还说，就你最爱说话啦！

对啊，如果我的同桌话也多，那更不能专心了……

都跟你说了，要有个安静的场所。

不要放音乐！

在自己家里，更容易布置出一个有利于学习的环境。

我自己放音乐的话，就不会影响我学习。

虽然这么说，但音乐会一直在你脑子里循环的。

哈！

唔……

为了专心，应消除一切可能令你分心的噪声源。如果室外噪声大，请关上窗户，关掉音乐……

还有手机。

是的，把手机调成静音，并且不要放在眼前！

同样还有平板电脑、电脑和电视。

如果你得在电脑上做作业，那就关掉即时通信软件。

电子产品会妨碍你专心学习，因为它充满影像、动画和声音……而专注力是需要内心保持宁静的。

也许是这样，但是电子产品还是很有用的。

当然。但是不能过度使用它们。学习功课时，我们的大脑需要专注力和时间来记住所学的知识。学习时请关掉电子产品吧，好吗？

咔嗒

有点难度……

但是你一定能办到……因为你想进步！

最好一个人单独学习，不要有弟弟、狗或松鼠在身边……

这得问松鼠愿不愿意。

那些没有自己单独房间的人，他们怎么办呢？

他们也可以做到专注，不过得想想办法：戴上降噪耳机或耳塞啦，书桌面对墙啦……

还有一个条件可以帮助我们保持专注，那就是学习时适当的舒适度。

可以躺在床上学习吗？

如果想睡觉的话，那赶紧去吧！

最好是坐着学习，并保持正确的坐姿。

那为什么这样有助于保持专注呢？

如果坐姿不正确，会导致腰疼或其他地方疼，这会令你分心。

哎呀，是的，腰疼的确会妨碍好好学习。

是呀。你会不停地在换坐姿、再坐直、找靠垫、换靠垫中浪费时间。

是的。

如果要在网络上查找资料，最好用电脑而非平板电脑，这样对颈椎好。

开始学习前，请检查一下自己的学习姿势是否舒适，是否可以坚持一段时间。

这样趴着看书就不好受……身子弯得太厉害了。

不行的话就换一下姿势，或者干脆换一把椅子。

以后我再也不在膝盖上画画了。

你有书桌呀！

是的。

30

# 小实践

## 改善学习环境

### 消除分心源！

分心会让你学习时心不在焉。

你的学习环境中是否存在让你分心的源头？

如果有的话，尽量消除它们。

门在那边。

太上

太妙

好了，一切准备就绪，可以专心致志地高效学习了！

### 舒适的学习时刻

如果学习时刻是舒适的，你就会想要主动学习，学习时间也会更长。

但是时间也不能太长，最好每次学习 30 分钟，连续 4 次，中间适当休息，而不是连续学习 2 个小时。这样更容易保持专注。

"舒适"并不意味着吃喝玩乐哟，否则就别提专注了！

我喜欢舒适暖和的环境，于是我盖上一条柔软的毯子。

如果外面很安静，我也喜欢在阳光下学习。

但是如果你忍不住想看飞鸟，那还是待在房间里学吧！

下面是一些"创造舒适学习时刻"的小贴士：

— 桌上放一杯自己喜欢喝的饮料

— 背后枕一个靠垫

— 吃东西：这不是个好办法（它会消耗精力，令你分心。如果肚子饿，请在学习前吃饱）

— 选择一盏好台灯

# 放空大脑

为了让学习有效率，必须腾出专门的时间来学习，就是要专注于所学的东西。

做作业时，脑子里最好不要想那些跟学习无关的事情。

就好比你躺下要睡觉，脑子里却不停地在想太多东西，那是很难入睡的。

有时我在看书，但是突然发现自己想不起来刚才都读了些什么（哪怕看的是漫画）！

那是因为你的眼睛在看，脑子却在神游。

神游到游戏世界里了吧！

那应该怎么办呢？我不是有意想别的东西的。

我们的思绪开小差，这经常是因为缺少动力。

我们一旦有了目标，这种情况就很少发生了。

如果是因为某种情绪，比如忧虑或焦躁不安，我们说过，可以通过向别人倾诉，把情绪释放出来。

还可以尝试"排空"这些不好的情绪：闭上眼睛，先缓慢呼吸，然后深呼吸，试着不去想任何东西。

对！只专注于进出肺里的空气。

如果期间有思绪袭来，那就让它过去，不要同它纠缠。

思绪

哗哗！

就是说你对它不感兴趣，不去理睬它。

像这样进行几分钟的冥想，直到你感觉平静，可以开始学习为止。

这点非常重要，因为专注力和记忆力是直接关联的。

这么说记忆力不好难道是因为专注力不够？

有可能哟。

哇！我还以为我是天生就记性不好呢！

记忆力就如同肌肉一样，是需要不断训练的。

记忆力也如同硬盘一样，不应当在它里面塞满没用的数据。

是的！如果你的脑子里填满了不着边际的想法和情绪，它就没有空间去记忆语文知识点了。

还有数学定理。

各国首都和国旗……

还有干果！

如果学习的时候感到烦躁不安，可以暂停几分钟，通过原地跳跃或跑步的方式来释放自己过剩的精力……

还可以爬树！

说到这儿，在这里点蜡烛干什么？天还没黑呢。

啊，是用来帮助"排空"情绪。请深呼吸，然后紧盯着蜡烛的火焰。

哇……好像管用啊！

小心点，别烧着自己！

喂，我又不是小宝宝！

# 小实践

## 排解情绪的方法

### 呼吸（可配合舒缓的音乐）

呼吸训练，是一种能够帮你排解坏情绪、平静心神，有利于专心学习的好方法。

首先找到一个正确的坐姿：坐在椅子上，腰部挺直，肩膀放松。

闭上眼睛，用鼻子吸气 3 秒钟，接着用嘴巴呼气 4 秒钟。连续重复几次。

网上可以找到很多能够帮助你放松的白噪声：雨声，鸟叫，海浪声……

真棒！

♪叽叽♪  ♪喳喳♪

### 冥想

你可以闭上眼睛，尝试想象一个你非常喜欢的安静的场所，比如：一片偏僻的海滩、一座山的山顶……

这样我会感觉心情超好！我不会再满心都想着游戏了。

记得要身体坐直了去想哟！否则很容易睡着。

### 写下来！

当我不能排解坏情绪时，我会把脑子里想的和心里装的事情写进我的私密日记本里。

不用刻意构思太华丽的辞藻（毕竟这是为了接下来全身心投入学习！）。

对即将到来的比赛感到非常开心！希望能再创佳绩。

如果是为了备忘，可以写在便利贴上！超级方便！

# 有条理地做事！

我需要养成集中精力做一件事的习惯，因为我总是喜欢同时做很多事……

为了提高效率，需要花时间学会有条理地做事，每次只做一件事。

要是你一边背课文，一边做数学题，那很可能两件事情都做不好。

嗯……我就擅长多线程处理任务。

我也可以，但是结果往往不尽如人意！

这就容易招致这样的学期评语：语文"有待加强"，数学"还有进步空间"……

是的，同意。

吉米的成绩总是"不太好""不太好""不太好"。

还有一点，我们不要匆忙地赶作业。

那要是有个好朋友约了一起玩游戏呢？

嗯，那就是你没有安排好自己的时间……

是的，如果我知道写完作业就可以和闺蜜一起玩，我会倾向于草草地完成作业。

对，不要将你最喜欢的娱乐活动安排在作业之后。

获取知识（你知道的）和获取能力（你会做的）都需要时间，这很正常。

你不是一台机器。

如果我们做起事来有条理，事情也就能记得更清楚。否则脑子里会是一团糨糊……

做作业也是一样，按步骤来，就跟照着菜谱烹饪一样。

不能为了快而省略步骤。要想进入下一步，先完成第一步。

应当先把蛋白打发的……

如果要听写英语单词，那你就应该先读一遍要听写的单词……

然后再把它们一个一个地抄写几遍！

等你背熟了，可以请别人来考你一遍，作为练习。

如果有写错的单词，按照上面的步骤再做一遍错词的练习。

要是跳过单词抄写，一上来就听写，那么我们肯定就容易因为犯太多错而感到气馁。

肯定的。

所以有条理地做事是很重要的。

是的！画漫画也是这样，应当先有人物设定，再写故事。

我呢，跑步前要先热身，不然我会跑得不好，还容易受伤。

爬树也是一样。

# 小实践

## 如何专注于某个任务

### 观察力训练

为了训练自己专注于一项任务的能力，可以先从观察某件事物开始。

选择一件简单的事物，不要像这幅画这么复杂。

要不然你又会走马观花。

如同上网冲浪，从一个网页跳到另一个网页，这让你养成分散注意力的习惯。

观察一朵花、一支铅笔、一块橡皮……尝试一下，几分钟内只观察一件事物，不看别的东西。

这个小实验非常有用。如果能做到，即使在人群中你也能轻松保持专注，无论是在图书馆还是在其他地方。

### 确定学习步骤

我以前写作业时习惯于先做一个科目，然后跳到另一个科目，回头又做前一个……现在我准备在写作业之前先列出先后顺序。

今晚的作业有数学、英语和科学。

我没有作业。

我先做对我来说最简单的数学。这样我就有更多的时间来做那些比较难的作业。数学上应付自如，会让我更有信心去应对剩下的科目。

1.数学
2.科学
（1）上网查询资料：5分钟
（2）习题
3.英语
（1）阅读文章
（2）写作

为了提高学习效率，你需要一个安静的学习环境、适度放松的身心和专属的学习时间。这样才能保证学习更专心，记东西记得更牢！

**1** 一个安静的、无电子产品的学习环境，会令你学习更加专心，更有效率。

这是我不学习时候的环境。

这是马上准备写作业的环境，我肯定更有效率！

**2** 为了让我们能专注所学，大脑需要保持"空闲"，也就是说，需要释放那些缠绕着它的无关念头和干扰情绪。

我以前认为放空大脑会让我打瞌睡，但事实相反，放空之后，我感觉更有精神了！

由于活动量不够，我需要释放能量。尽管有点累，但是之后我能更专心地去学习。

**3** 要有耐心：进步需要时间，每个人的学习速度也不同。全神贯注地完成每一项作业，对于培养做事的条理性也具有非常大的好处。

我先找一棵我喜欢的大树。

然后躲开小朋友们的目光，慢慢地靠近树干。

我一心一意地爬上那棵树。

有松鼠！我看到松鼠了！

不对！我先看到的！

# 做一个对自己满意的人

勇气！

你进步了！

坚持！

从头再来！

积极向上！

前进！

不论做什么事情，心态非常重要。

所谓心态，就是反映你观察和感受事物的一种方式。

遇到难题时，请告诉自己这是正常的。

因为你想达到一个更高的水平，迈上一个新的台阶。

目前我正在学习画漫画的场景透视，非常难。

如果你这时跟自己说：我真没用，我办不到……

那我就会感觉很难坚持下去，很难继续进步。

而如果诺亚愉快地对自己说：我马上就要学会画漫画场景了！那就很容易了。

因此不要害怕失败并从头再来……

因为所有的成功都是这么达成的！

好。

哎呀！

碎

不要认为杯子是半空的，要认为它是半满的。

这话的意思是说：看问题要从积极的角度出发，而不应该是消极的。

能喝吗？

好的心态能让你成为赢家！

耶！

你们这下不神气了吧？哈哈！

## 每一个成就都很宝贵

做到承认自己的每一个成就。这将帮你以后做得越来越好！

要想锻炼出 winner 的思考模式……

winner 就是赢家（我的英语进步得很厉害呀！）

就要学会重视自己的每一次进步，给它们赋值。

哇！

是的，如果连你自己都注意不到自己的进步，那不仅是低估了这些进步……

也是低估了自己！

这样一来你会觉得自己一事无成。

要想做得更好，你需要相信自己能行，因为只有相信自己，你才会有动力去尝试。

只要你敢于尝试，那就一定能行！

耶！

与其被困难束缚手脚，不如先学会欣赏自己的成就。

一旦你意识到自己在进步……

马上，你就会对下一步的行动充满自信。

而且，如果你意识到自己能成功地做到一些事情，你就不会轻易地因失败而感到困惑。

因为你知道自己终有一天会成功！

耶！

如果找不到值得称道的事，可以请别人帮你。找你的二人互助小组的队友，或是爸妈帮忙。

人们总是很容易地看到别人的成就，却看不到自身的成就，这是不明智的。

别担心，这是可以学的。只不过需要练习！

# 小实践

## 认识自己的成就

一周内，我会打开几次纪念册（每周至少定一天来做这件事情，否则容易忘记），
在本子上画出令我骄傲的事情。如果画不出来，我就写下来！

时不时地打开纪念册看一眼，这会激励你继续前进。你可以和亲朋好友分享你的成就哟！

# 每一次失败都令你更强大

没经历过"失败"的成功是不存在的！

出错是学习的一部分。没有人能一蹴而就。

有时候，人需要吃一堑，长一智。

这能教会我们不再犯同样的错误。

人类历史上伟大的科学家或发明家在成名前都经历过多次挫折，例如爱因斯坦、爱迪生，还有其他一些人……

那么，与其把你的受挫看成失败，不如把它当作一次挑战！

要想成功，就要能够接受挑战。

接受挑战，意味着勇于尝试那些我们认为很难（甚至不可能）的事情。

我拼写有困难，但我是不会被它打倒的。

干得好！你战胜了自己的挫败感！

接受挑战意味着要付出很多努力，就跟体育运动一样。为了打破自己的自行车比赛记录，我要更加刻苦训练。

刚开始你可能也做不到吧。

当然了。

如果一时没做到，也不用大惊小怪……

如果一切都不费吹灰之力，那也就意味着我们没有任何成长啦。

提醒自己，付出终会有回报。

那如果付出没有回报怎么办？

能这么问，说明你需要更多地去理解或理清思路，重温之前讲过的知识点吧！

好，没跳上一根树枝也没什么大不了的。

看！超级英雄！

超级女英雄。

# 小实践

## 克服困难

**改变说话方式**

你不应该对自己说"我数学很差"这种消极的话。

是呀。如果你这么跟自己说，可能就不会给自己留有太多改变的空间。

试试这么说吧："目前我功课不怎么好，但是我会进步的。"

我也不再说自己杂乱无章了，而是说："我的房间暂时还没有收拾好，但会有所改变的。"

这样，你瞬间就不会有挫败感了。你将准备变得……更好！

你会把自己看成一个正在学习的人，会有进步的！

**不要纠结于失败**

当在某事上受挫，或是你对自己的某方面不满意时……

见第66页！

1. 尝试弄明白：这一次失败的原因是什么？
2. 想一想：下次如何改进？
3. 回想一下：自己已经掌握了哪些方面（毕竟很少有人会从零起步），以及已经取得了哪些进步。

我对动词变位记得不是很牢。那么当我听写考砸的时候……

1. 我会问自己，考前是否按照计划，一步一步做好了准备。这么一来我突然意识到，忘了复习过去分词这个知识点。
2. 那么下次，我就不会忘记复习，并重点抄写某些动词。（我已经感觉到自己一定会有所进步了！）
3. 接下来，我会回想之前听写没出过错的那几回。（这会给我鼓励！）

照着黛安娜做，你会感觉到，自己是能够进步的，即使经历了一场失败！

和他人攀比

如果要和别人比，那我一定是地球上最无能的那个人。

你还是有点夸张了。

真的啊，班上大部分同学都比我考得好。

那只是暂时的！

对，比如，他们在音乐方面还比不上你呢。

啊，这倒是。

问题是，我们总是倾向于和比我们强的人比。

其实想想：这些人可能在语文上比我们强，但在体育上就不见得了。

和他人攀比对你一点帮助都没有。

应当做的是……和自己比较！

画画也是。

？

重要的是取得进步，哪怕是一丁点的进步。

如果这次作文有十个错误，和以前的成绩比较，我会发现，还是有进步的。

那如果这次比之前差呢？

那你会知道自己是有能力做到更好的。可以挑战自己下一回提高分数。

好，酷！

目的不是比同桌考得更好，而是实现自己的进步。

向前看！
如果你老是回头往后看，那就很难前进了。
没有必要回想那些没有用来好好学习和做无用功的时光。
后悔是没有意义的。
后悔就像是一个沉重的包袱。
我以前老想，我浪费了太多时间没有好好学习，所以考个好分数是没戏了。
我哥哥的学习成绩是不咋地。
很遗憾，但这是事实。
重要的是现在要向前看！
重要的是关注今天我们所做的，而不是昨天做了什么！
重要的是明天的成功，而不是以前的失败！
调整目标从来都不怕晚。
新起点
是的。我以前写作文从来不加标点符号，因为我搞不懂标点怎么加。
那现在呢？
现在好了！我一个一个地重新学习了标点符号的用法，再也不用假装忘记它们了！
新起点
我总算弄明白了：只有我自己主动去改变，做事情才能有进步。
新起点
我也是。我打算改善学习方法……不再让父母因为我的成绩而操心。
成绩差一点都不好玩儿！
这很正常，每个人都喜欢成功。
哟吼！
哦哦！

# 小实践

## 助你向前一步

**告别后悔**

每个人都不可避免地对一些事情感到后悔。

我知道，是因为我写作业马虎，上课不认真听讲，所以才有今天学习上的困难。

那么，如果你也意识到，自己多少要为自己的成绩负责任，那就承认这一点，并和自己的遗憾、后悔说拜拜。

一定不要责怪自己！每个人都会犯错。

重要的是意识到这一点。

是的。

后悔

这也是成长的意义所在！

**做一份励志剪贴画！**

收集一些旧报纸、过刊，可以随便剪的那种。

这个不行！

用一张白纸，把你觉得能够代表你的成功、你的梦想的元素都贴上去。

也可以自己画些画，写点什么。

我在上面贴了奖杯和奖牌。你呢，你贴了些什么？

见第56页。

看哪！

涂鸦

漫画

连环画

成功

冠军

多读书

就是这样！

我准备把这张剪贴画挂在自己的房间里。每次看到它，都能激起我学习的斗志！这很棒吧？

# 本章小结

当你学会了如何好好利用时间，你将会变成一个更有条理、做事更高效的人。时间会帮你成为你想成为的人，并帮你实现心中所想……你也会意识到，管理好时间就是管理好人生！

**1** 一旦你能够认识到自己所取得的成绩，就会对自己取得进步的能力信心大增。

> 这周我学了一首技巧难度非常高的曲子。希望有一天我能自己创作一曲。

> 你肯定能！

> 好酷。

**2** 不要太担心自己的失败。犯错是每个人必经的阶段，是正常的，有了它，之后我们才能做得更好。

> 不是吧，我又搞错了！

> 不要紧，重新再来。

> 我们又不是超级英雄。本来嘛，也没有超级英雄。

> 好，我重来。

**3** 后悔没有用，它甚至还会阻碍你前进。记住这一点：你今天的行动，决定了明天你是否能获得更好的成绩！

> 我不再后悔没有好好练习爬树，长时间花在社交网络上了。

> 想学习，什么时候都不怕晚。等开学了，我要报个班学习。

> 就这样。我要向前看！

# 悠闲假期结束啦！

这个暑假，我花时间把这些都彻底地想清楚了，感觉真好。我现在信心满满！

嗯，我也是。

我不开心。假期很快要结束了……

是的，这一次，我真是等不及要开学了，为了迎接我给自己定下的目标和挑战！

这是给我未来的森林探险准备的。

那么，准备好要在明年的学业上取得成功了吗？

那还用说！我们都准备好啦！

我能跟你一起去森林里探险吗？

啊？

*请勿模仿本页中的危险动作。

# 提高专注力，养成好习惯

## 实践手册

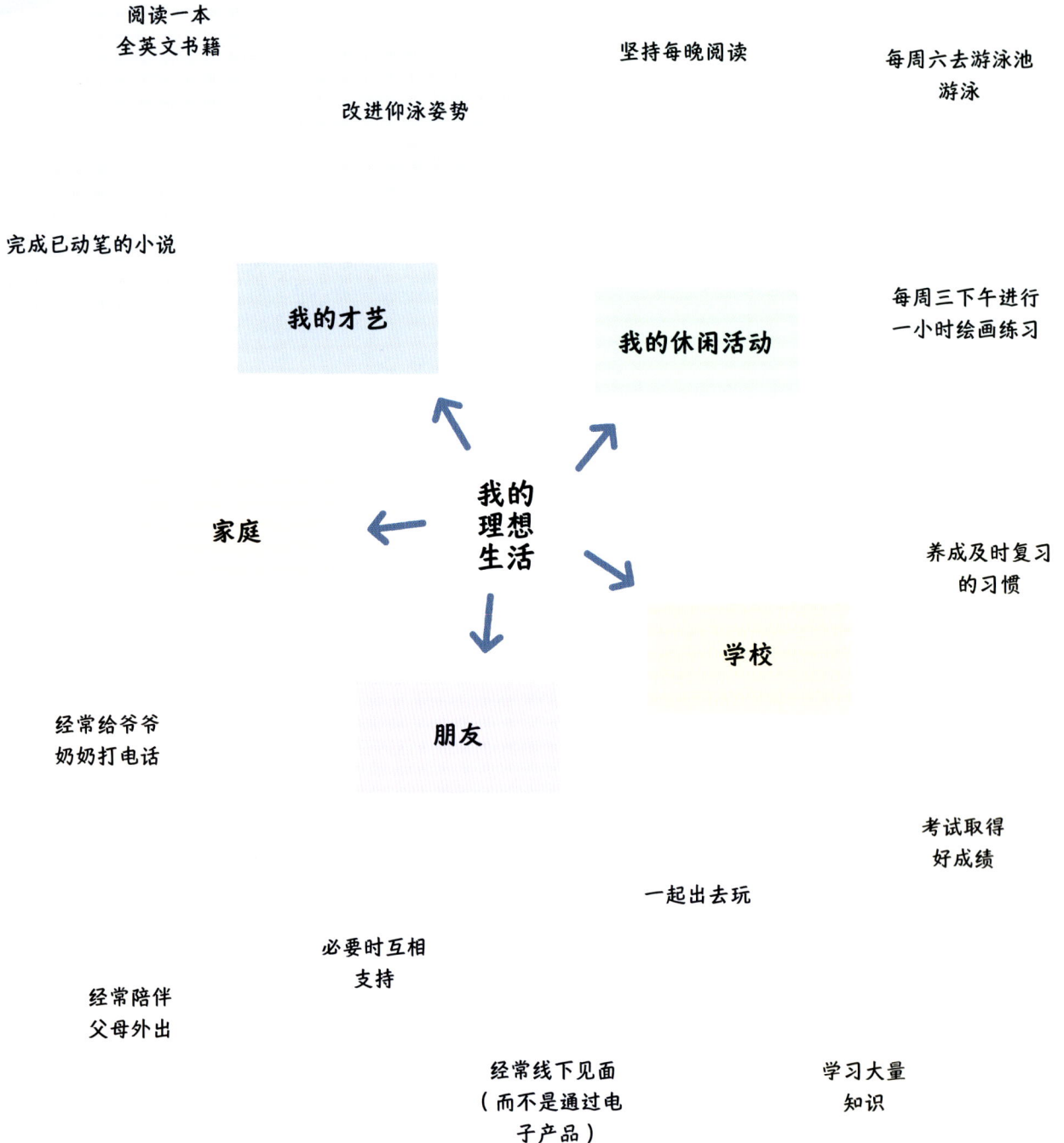

# 思维导图

**帮你理清思路，
让想法更清晰！**

思维导图是一个很棒的工具，可以让你一目了然地看到你要做的事情或应当牢记的事情。你可以将其应用于任何一个主题（时间表、作业清单、活动安排和个人计划……），然后选择最适合你的方案。下面是几个例子：

见第9页

阅读一本
全英文书籍

坚持每晚阅读

每周六去游泳池
游泳

改进仰泳姿势

完成已动笔的小说

**我的才艺**

**我的休闲活动**

每周三下午进行
一小时绘画练习

**我的理想生活**

**家庭**

养成及时复习
的习惯

**学校**

经常给爷爷
奶奶打电话

**朋友**

考试取得
好成绩

一起出去玩

必要时互相
支持

经常陪伴
父母外出

经常线下见面
（而不是通过电
子产品）

学习大量
知识

减少错别字　　　　　　　　练习发音

通过写日记来
　练习写作

　　　　　　　　　　　　　　　学习不规则动词

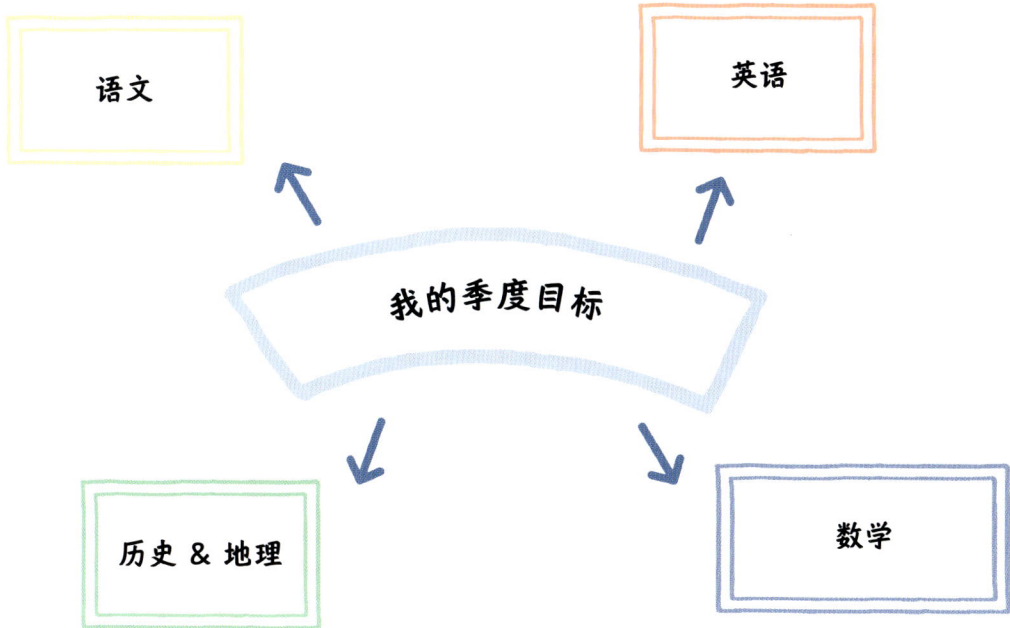

语文　　　　　　　　　　英语

我的季度目标

历史 & 地理　　　　　　数学

在房间里贴一
　张历史年表，
帮助记历史事件

复习乘法表

练习制作地图

做勾股定理习题

观看历史题材影片

根据自己的需要，制作一份思维导图。
你可以设计并画出属于自己的思维导图，
也可以在网上找一些模板。

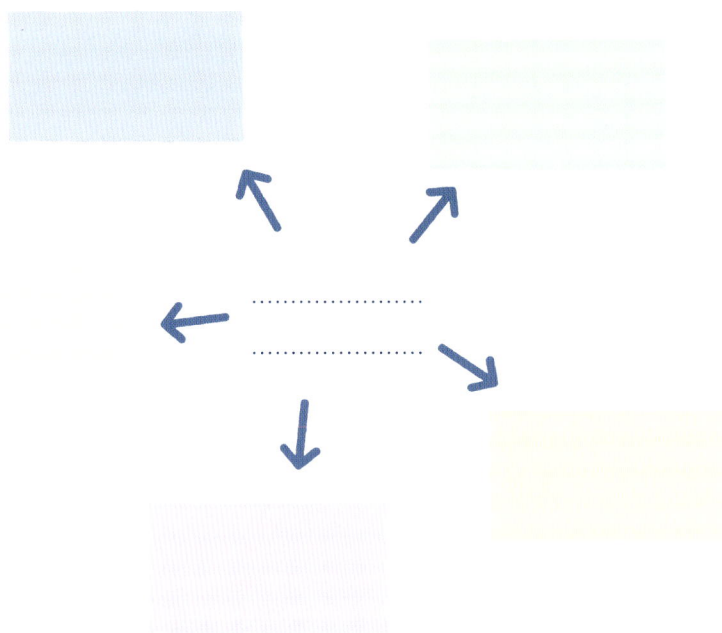

# 目标清单

**制定长远目标**

一、二，加油，为自己鼓劲！
为了坚定决心，请填写下面的目标表。你可以向伙伴们求助，考虑得越周到，实现目标的概率就越大！

◎ **目标**

☰ **为实现目标要采取的行动**

# 制作漂亮的剪贴画

## 为了取得学业进步

为了保持专注力和毅力，尽情发挥你的创造力吧！剪下一些图案，拼贴成一张漂亮的剪贴画，用以提醒自己目标是什么，以及为此应付出哪些努力。

看！就这样，一张漂亮的剪贴画做好了。可以把它贴在房间的墙上！

见第47页

# 理想的学习周

要想清楚地了解自己每天的活动安排，一个好办法就是梳理清楚自己上学期间平常的一周和理想的一周分别是怎样安排的，以及假期里理想的一周都分别计划做哪些事。

下面是一个例子：

见第14页

| | 8点 | 10点 | 12点 | 14点 | 16点 | 18点 | 20点 | 21点 |
|---|---|---|---|---|---|---|---|---|
| 周一 | 早餐 | | 上学 | 上学 | 图书馆 | 作业 | 晚餐 | 睡前阅读 |
| 周二 | 早餐 | | 上学 | 上学 | 一段安静的时光，可以做自己喜欢的事（画画，听音乐……） | 作业 | 晚餐 | 睡前阅读 |
| 周三 | 早餐 | 作业 | 午餐 | 休息 | | | 晚餐 | |
| 周四 | 早餐 | | 上学 | 上学 | 活动（足球、滑旱冰、攀登、跳舞……） | 作业 | 晚餐 | 睡前阅读 |
| 周五 | 早餐 | | 上学 | 上学 | 玩电子产品 | 一段安静的时光，可以做自己喜欢的事（画画，听音乐……） | 边看电影边吃晚餐 | |
| 周六 | 早餐 | 作业 | 午餐 | 家庭游戏日 | | | 晚餐 | |
| 周日 | 早餐 | | 午餐 | | | | 晚餐 | |

**平常的学习周**

用黑色笔写下平常每周你在学校做的事情（上课时间），以及在家做的与学习相关的事情（做作业和复习的时间等）。然后用其他颜色的笔写下你在空余时间做的事情。

| | 周一 | 周二 | 周三 | 周四 | 周五 | 周六 | 周日 |
|---|---|---|---|---|---|---|---|

8点　　10点　　12点　　14点　　16点　　18点　　20点　　21点

**理想的学习周**

现在来改进平常学习周的时间安排，让它变成理想的学习周，让你在享有合理的放松的同时，还能实现自己的目标和理想！

| | 8点 | 10点 | 12点 | 14点 | 16点 | 18点 | 20点 | 21点 |
|---|---|---|---|---|---|---|---|---|
| 周日 | | | | | | | | |
| 周六 | | | | | | | | |
| 周五 | | | | | | | | |
| 周四 | | | | | | | | |
| 周三 | | | | | | | | |
| 周二 | | | | | | | | |
| 周一 | | | | | | | | |

**最后是理想的假期周！**
这里你可以用很多彩笔来规划时间安排。
不要忘记安排一些学习时间哟！

| | 8点 | 10点 | 12点 | 14点 | 16点 | 18点 | 20点 | 21点 |
|---|---|---|---|---|---|---|---|---|
| 周日 | | | | | | | | |
| 周六 | | | | | | | | |
| 周五 | | | | | | | | |
| 周四 | | | | | | | | |
| 周三 | | | | | | | | |
| 周二 | | | | | | | | |
| 周一 | | | | | | | | |

# 任务清单

任务清单是非常实用的，你可以利用它安排自己要做的事情。建议你使用彩笔或荧光笔标注出最重要的事情。最开心的时刻，莫过于用笔画掉这一天完成的事情了。
注意：也不要给自己安排太多的任务。

见第16页

举个例子，
在早餐前列好！

今天待完成的事情

本周待复习内容清单

本周末待做的事情

你还可以创建别的任务清单，记下那些对你来说很重要、不能忘记的事情（例如：今年要读的书，要打电话联系的亲人，你喜欢的外出活动……）。

# 好习惯？坏习惯？

所谓习惯，就是那些你会无意识去做的事情。试着识别那些对你有益的习惯，改掉那些不能给你带来什么好处的习惯，你会发现，这会令你更有活力，表现更出色。
还等什么，赶紧填一填下面这张调查表吧！

见第21页

| 问题 | 是 | 否 |
|---|---|---|
| 饮水是否足量（每天至少要喝1.5升水）？ | ○ | ○ |
| 每天是否至少睡足8小时？ | ○ | ○ |
| 每天都吃蔬菜吗？ | ○ | ○ |
| 每天都吃水果吗？ | ○ | ○ |
| 每天的糖分摄入超标吗？ | ○ | ○ |
| 每天的高盐高脂肪食物摄入量超标吗（例如：薯片）？ | ○ | ○ |
| 每天是否至少运动30分钟？ | ○ | ○ |
| 是否给自己设定了每天接触电子产品的时间限度（比如：上学期间每天1小时，其他时间可以多一点，具体时间需要和父母商定）？ | ○ | ○ |

## 你可以做出哪些决定来改善生活习惯（例如：规定自己在晚上9点半之前上床睡觉）？

我的决定： _____

_____

_____

_____

_____

# 向谁求助?

**每个人都需要别人的帮助!**

在下面的表里,列出你在学校遇到的问题,可以寻求帮助的人,以及他们对你问题的答复。这些能帮助你弥补缺陷,取得进步。

见第26页

| 学科 | 具体问题 | 向谁求助? | 答复 |
| --- | --- | --- | --- |
|  |  |  |  |
|  |  |  |  |
|  |  |  |  |
|  |  |  |  |
|  |  |  |  |

# 不要纠结于失败

### 因为你一定会成功的!

失败是生活的一部分,它是必要的,会帮助我们学习如何更好地进步。

请回答下列问题,它们能帮我们更好地战胜失败。

见第44页

## 1. 搞清楚失败的原因

为什么这次考砸了?

...............................................................................................................

...............................................................................................................

是不是经常这样?

...............................................................................................................

...............................................................................................................

我总爱犯同样的错误吗?

...............................................................................................................

...............................................................................................................

是因为复习不够吗?

...............................................................................................................

...............................................................................................................

是不是因为没有合理的预期和安排?

...............................................................................................................

...............................................................................................................

是压力让我发挥失常吗?

...............................................................................................................

...............................................................................................................

## 2.下次如何改进？

要提早开始复习吗？

........................................................

........................................................

复习时是否有必要向他人求助？

........................................................

........................................................

是否有必要提一些问题，帮助自己弥补缺陷？

........................................................

........................................................

考前为了缓解压力，是否需要进行一次呼吸或冥想练习？

........................................................

........................................................

为了保证精力，考前一夜是否需要早睡？

........................................................

........................................................

其他想法：

........................................................

........................................................

## 3.回想一下：自己已经掌握了哪些方面（毕竟从零起点起步的概率很小），以及已经取得了哪些进步。

☐ 我回想了自己已经学会的知识。　　　☐ 我记得曾经取得的进步！

☐ 我回想了老师的夸奖和鼓励。

# 我的（很长很长的）才艺清单

请在本页写下你的才艺。
写完了回头看一看，是不是觉得很骄傲？
这样你就知道自己的强项在哪里，说不定还可以帮助别人呢！

每当你发现自己拥有（或获得了）一项新才艺或技能，
记得回来这里补全清单哟。